网 络 经 济 译 丛

一个相互连接的时代的科学

The Science of a Connected Age

[美] 邓肯·J·瓦茨 (Duncan J. Watts) 著

陈禹 等译

方美琪 校

Six Degrees

六度分隔

中国人民大学出版社

·北京·

目录
CONTENTS

目 录 CONTENTS

目录
CONTENTS

目 录 CONTENTS

序 言

"在朝着自己设定的目标前进时，我决不会中止；但是在需要的时候，我经常会暂时停顿一下。"

——道格拉斯·亚当斯（英国著名科学幻想小说作家），*The Long Dark Tea—Time of the Soul*

研究事物是如何运作的，是一件有趣的事情。大约十年前的这个时候，我正在康奈尔大学，一边凝视着长长的走廊，一边苦苦思索着，为什么自己会心血来潮地转过半个地球，跑到这样一个乍一看像是监狱的地方，潜心研究一些难以理解的东西。自那时起，在这段不长的时期中，世界已经变化了好几次，而我自己的世界也随之变化。全世界在互联网的迅速崛起面前目瞪口呆，痛苦地承受着从亚洲到拉丁美洲的一系列金融危机的侵袭，同时还震惊于从非洲到纽约发生着的各种种族暴力和恐怖主义，整个世界正在以没有人能够预见甚至了解的方式艰难地向前发展。

与此同时，在貌似平静的学术界的长廊里，一种新的科学出现了——一种直指我们周围正在发生的重大事件的科学。为了更准确地表述，我称这门新的科学为关于网络的科学，或者简称为网络科学。不像物理学中关于亚原子粒子或宇宙大尺度结构的那些理论那样，网络科学是关于实际世界的科学，即关于人、友谊、流言、疾病、时尚、公司和金融危机等种种日常事物的科学。如果想用最简洁的语言指出目前我们所处的、世界历史中这个特殊时期的特点，那就是它比以往任何时期都更紧密地、更全球性地、更令人无法预料地相互联系成一体。如果想要理解当今时代，这个相互联系的时代，我们就必须首先知道如何科学地描述这种状况，也就是说，我们需要一门关于网络的科学，即网络科学。

本书是关于这门科学的一个故事。它并不是那种十分遥远而且大得无法简化的故事，以至于任何人都无法在有生之年完全弄明白它。确切地说，它是某个独行者在旅途中发生的种种故事的一些片段，这是一次在奇妙而美丽的地方的旅行。毋庸讳言，每一个故事都是从某种特定的视角去讲述的，不管是否公开说明这点。而这个故事当然是从我个人的视角出发去叙述的。部分原因是因为我参与了这些事件，它们处于我职业轨迹的中心。但也还有另一个更深一层的原因需要说明。一般来说，科学教科书总是干巴巴的、很吓人的样子。从看似不可能的问题出发，进行艰难的逻辑上的跋涉，达到似乎是无可争辩的结论。教科书中的科学实在是令人望而却步、避之不及。即使当科学被认为是一种发现的行动，是人类取得的一种成就的时候，事情发生发展的实际过程仍然被掩盖在一层神秘的面纱后面。我本人关于物理和数学课堂的主要印象，就是一种沮丧感，觉得这实在不是正常人能干的事情。

但是真正的科学不是这样的。最终我明白了，真正的科学就出现在杂乱的、含糊不清的实际的世界里。科学家力图搞清楚这个世界；他们和所有人一样遭遇着同样的局限和混乱，但是仍然向这个目标努力前进。这个故事里的所有人物都是极有才能的人，他们作为科学家，通过终生的努力工作，最后取得了成功。但是，他们也是人。我很清楚这一点，因为我认识他们，和他们一起努力过，也经常一起经历失败，然后自己爬起来，重新再去尝试。我们的论文一遍遍地被退回；我们的观点不被接纳；我们有时还错误地理解那些后来看起来很明显的事情。很多时候我们觉得很受挫，或觉得自己很傻，但是我们仍然没有放弃，继续奋斗，目标在一步一步接近。研究科学和做任何别的事情是一样的，但是当科学走进更广阔的世界，每个人都可以通过阅读书本去了解它时；科学已经过了不断地重建和改进，并具有了在形成过程中无法具备的光环。这就是科学形成中的故事。

当然，任何故事都不是发生在真空中的。在这本书里我想说明的是：网络科学从何而来，它在科学进步中占什么位置，关于这个世界，网络科学能告诉我们些什么。由于已经有许多人对"网络"进行了长期的思考，所以除了我所提到的，还有很多方面可以讨论。但是即使在这里不得不有所省略（而且恐怕已经省略了很多），我还是希望能强调这样一个观点，即这个相互连接的时代不能被塞进某一个世界模型，或按某一个单独的规则来理解。一句话，这些问题实在太多、太复杂，坦白地说是太难了。

同样，坦率地说，现在网络科学对这些问题仍然还没给出答案。面对过分夸大我们发现的重要性的诱惑，我们必须清楚地认识到，许多实际的科学都是在用极其简化的手法，去描述极其复杂的现象。事实上，从简单处开始是弄清任何复杂事物的第一步，从简单模型中得到的结论经常不仅强有力，而且非常吸引人。通过排除复杂世界里不容易理清的细节，通过找出一个问题的核心，我们可以更深入地了解这些具有紧密联系的系统；由此了解到的信息是不可能通过对这些系统的直接研究推测出来的。这样做的代价在于，由于研究的方法比较抽象，所以很难直接运用于实际应用中。如果我们想要有所改进或进步，这种代价是必需的，事实上也是不可避免的。在设计师能够建造飞机以前，物理学家需要首先知道飞行的基本原理，网络系统也是一样。在本书的开始，我们会先思索一些简单网络模型的著名应用——努力去想象一个很庞大的飞行器看起来更像什么。但是今天我们必须诚实，并且要能够区分推测和科学本身。所以，如果你正在寻找这些答案，可以去看看第一章。只有将科学定义为它可以解释什么而不是它不能解释什么，科学才会更有力量，如果理论混淆了这两个方面，那它就只会给我们帮倒忙。

网络科学能做什么？它为我们提供了另一种思考世界的方式，并且也帮助我们用新的思想来考虑旧的问题。这本书实际上讲了两个故事。首先，这是网络科学本身的一个故事——网络科学从哪来，它已经指明了什么，它是怎么指明的。其次，它是关于现实世界里的现象的故事，例如疾病流行、文化时尚、金融危机、体制创新等等，网络科学尝试去了解和解释它们。这两个故事在本书里是平行讲述的，但是一些章节会对某个方面有所偏重。第2至5章主要是介绍了解现实网络世界的不同方法，学术理论是如何为发现过程提供帮助的；在和史蒂文·斯道格兹（Steven Strogatz）合作的关于小世界网络研究中我自己的那部分工作是如何开始的，最近几年又是如何发展和扩大的等等。第6至9章则更多地侧重于用网络的观点来思考世界，它的应用如疾病传播、文化时尚、商业创新，而不是将网络科学本身作为研究的对象。

虽然本书每一章都是基于前面的内容,但是并不是必须将书从头看到尾。本书第1章给出故事的背景,第2章进一步充实这个背景。如果你想跳过这些章节直接到新科学,你完全可以这样做。第3、4、5章总体上可以归到一起,它们主要描述网络系统中不同模型的创建和内涵,特别是最近研究比较多的小世界网络和无标度网络模型。第6章讨论疾病和计算机病毒的传播,这一章对前面章节的涉及比较少。第7、8章处理相关但是不同的社会对象,讨论关于文化时尚、政治动乱、金融泡沫等告诉了我们什么。第9章讨论组织的坚固性和它对现代公司企业的启示。最后第10章对故事给予总结,提出一个简要的概括。

就像它提到的故事,本书也有一个故事,这个故事里包含了很多人。在过去的这几年里,我的合作者和同事们——特别是 Duncan Callaway,Peter Dodds,Doyne Farmer,John Geanakoplos,Alan Kirman,Jon Kleinberg,Andrew Lo,Mark Newman,Charles Sabel 和 Gil Strang——已经组成了一个包括观点交流、相互鼓励、提供动力和娱乐的固定的资源网络。如果没有他们,本书的编写将会很难,缺少了他们就将缺少很多写作的素材,即使是最熟悉的内容也会写得不充分。没有诺顿的 Jack Repcheck 和珀尔修斯的 Amanda Cook 的鼓励,我不会开始本书的写作。如果没有我在诺顿的编辑 Angela von der Lippe 的耐心指导,我也不可能完成此书。我还要感谢 Karen Barkey,Peter Bearman,Chris Calhoun,Brenda Coughlin,Priscilla Ferguson,Herb Gans,David Gibson,Mimi Munson,Mark Newman,Pavia Rosati,Chuck Sabel,David Stark,Chuck Tilly,Doug White,特别是 Tom McCarthy,他审读了不同版本的草稿,并给出了评述。在准备数据时,Gueorgi Kossinets 给予了非常宝贵的帮助,Mary Babcock 在拷贝编辑方面做了大量工作。

在更大的范围内,我要深深感谢哥伦比亚大学的许多人——Peter Bearman,Mike Crowe,Chris Scholz 和 David Stark——同时还要感谢圣菲研究所的 Murray Gell-Mann,Ellen Goldberg 和 Eric Jen,美国麻省理工学院的 Andrew Lo 给予我的自由和支持,让我有机会去追求我的梦想。感谢国家科学基金会、英特尔公司、圣菲研究所和哥伦比亚地球学院给予我的经济支持,让我能够教授和研究,能够在圣塔菲和纽约有一系列的研究室，没有它们大量的合作，项目就不会存在了。无论得益于机构还是个人，在这许多的重要影响中，有两个人我必须要格外指出。首先是史蒂文·斯道格兹，一个在这么多年中鼓舞人心的指导者，一个珍贵的合作者，一个好朋友。另一个是哈里森·怀特（Harrison White），是他带我来哥伦比亚，让我第一次接触了圣菲研究所，最终带我走进社会学领域。没有他们两位，这些研究就不可能存在。

最后，还要感谢我的父母。讨论一个人的成长对其生活的影响可能是很傻的，但是对于我一些事情似乎很明显。我的父亲——我所知道的第一个科学家，也是第一个指导我经历基础研究的快乐和痛苦的人，他的行事方式指导了整本书的思想。我的母亲不仅教会我怎样写作，更在我小时候就让我意识到只有当人们了解思想，思想才能发挥它的作用。通过他们不平凡生活的例子，给了我勇气，去尝试我原以为永远不可能实现的事物。所以，本书当然也是献给我的父母的。

邓肯·J·瓦茨

2002 年 5 月于纽约

第 **1** 章

相互连接的时代

1996 年的夏天，水银柱居高不下，达到了创纪录的高温，默默地表明着气候的不可预测性，全国一片哗然。美国人躲在自己的小窝里，忙着填充自己的冰箱，开启空调，而且毫无疑问还紧盯着不断报告着高温的坏消息的电视机。事实上，不管在什么季节，美国人已经变得更加依赖于越来越多的、难以置信的、各种各样的设备、设施和服务，使得任何时候人们在家里都处在舒适的环境之中。如果说所有这些带来了更多的休闲、更多的自由、更加享受的物质生活，那么这些创造和努力都并不算过分。从争论车辆的大小到讨论小城市中的使用大量空调的购物中心的大小，当今美国层出不穷的各种十字军运动，并没有给这个任性的、有时甚至是自负的星球带来严谨的秩序。

驱动着这个无情的文明机器的发动机，是一种和大地一样平常的东西——电力系统，正是它和人类的其他发明一起，从根本上改变了人们的生活。像蜘蛛网一样覆盖了整个北美大陆的这个巨大网络，用高压

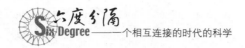

电缆连接着众多电站和变电所。它们沿着乡村的小径，绕过阿巴拉契亚山脉的陡峭山崖，像一排排士兵一样穿过广袤的西部大平原，今天，这个巨大的电力传输网络已经成为经济的命脉，成为文明社会的软肋。

在 20 世纪较为平静的年代中，花费巨资建立的这个电力系统，可以说是当代社会最基本的技术设施。电力技术比公路和铁路还要普遍，比汽车、飞机、计算机更为基础，它为所有这些技术提供动力，它是工业和信息社会大厦真正的基石。没有电力，我们简直什么都不能做，什么都不能用，什么都不能消费；没有电力，所有这些用品或服务，或者是根本就不存在，或者是无法提供，要么就是极不方便、极其昂贵。电力已经成为生活的基础，以致我们无法想象，没有它我们该如何生活，一切都要退回到最原始的状态，就像纽约在 1977 年经历的那 25 小时的可怕时光。那时还没有多少计算机，当时的汽车、工厂、家用电器也还远远没有像今天这么依赖电子设备。由一些没有预计到的微小错误和系统的薄弱环节的巧合，导致了停电，使纽约陷入了一片黑暗。它的 900 万居民陷入了骚乱、抢劫和惊恐造成的混乱之中。当光明重现，清扫残局之后，损失的账单已经达到 3 500 万美元。这场灾难向政治家和管理当局发出了警告，他们齐声承诺，决不允许这样的事情再次发生，并且提出了一系列的方法实现这个承诺。正像我们已经看到的，在复杂的、相互连接的系统中，最精心安排的计划也很难有所作为，就像人们比方的那样，这只不过是在泰坦尼克号的灾难中重新安排一下甲板上的椅子而已。

和其他的基础设施，包括从公路系统到互联网在内都一样，电力网并不是一个简单的东西，它是由多个地区网络，按照约定俗成的方式连接在一起而形成的。其最大的管理机构，西部电力系统协调委员会管辖着 5 000 多个电站、15 000 多条线路，它属下的电站和电力分销公司为洛杉矶以西，从墨西哥边境到北极圈的所有人和所有事情提供着电力。在 1996 年的炎夏中，每一个人都把空调开到最大，每家后院的烧烤都要配上冰冻的百威啤酒，这一切都要从电力网中获取它们所需要的能量。夏季旅游的人群转向东部，滞留在海边的城市，例如洛杉矶、旧金山和西雅图，使陈旧的、已经负担过度的电力网不得不承担更大的压力。

与造成的巨大灾难相比，最初的火花，8 月 10 日发生的事件实在是一件比较小的事情。在西俄勒冈州波特兰以北，由于一条电缆拉得不够紧，下垂下来搭到了树上，引起了火花。位于博纳维尔的电力管理部门发现了这个问题，但是并没有把它当回事。然而，随后会怎么样呢？这实在是很吓人的，完全没有预测到的。

出问题的线路，Keeler-Allston 电缆，是从西雅图向波特兰送电的平行电缆之一，应付故障的机制能够自动地把负载转到另外的线路上去。不幸的是，其他线路的负载也已经接近它们的极限，额外的负担超出了它们的能力。于是，一条接一条，多米诺骨牌开始倒下。先是邻近的 Pearl-Keeler 电缆中断了。紧接着，五分钟以后，St. Jones-Merrin 电缆也出现了故障。需要转移的负载从东向西席卷而来，导致了极其危险的、大范围的电压振荡。

当电缆过载的时候，它就会变热并垂下来。在八月份，树木生长得很快。到下午四点钟的时候，即使是负载较轻的线路，也已经开始下垂了。过载的 Ross-Lexington 电缆，就像两小时以前的 Keeler-Allston 电缆一样，终于触到了无处不在的树木。这些对于附近的 McNary 电站以及相邻的 13 个电站来说，已经远远超出了这些系统在设计时所考虑的应对事故的能力范围。就这样，在最初的电压振荡开始以后的 70 秒钟内，加利福尼亚—俄勒冈地区电网的所有三条电缆，西海岸电力传输的咽喉，全部停止了工作。

电力的一个基本规律是很难存储。你可以用电池给你的手机或便携机提供几个小时的电力。但是，至今还没有人发明为城市存储电力的方法。因此，只能在需要电力的时候发电，并及时送到需要的地方。换句话说，一旦电生产出来了，就必须准确地送到某个地方去，例如北加利福尼亚。加利福尼亚局部电网的失效，造成电力像潮水一样涌向东部和南部，席卷了爱达荷、犹他、科罗拉多、亚利桑那、新墨西哥、内华达以及南加利福尼亚等州，影响了几百条线路和几百座电站，把整个西部分割成了四片孤岛，750 万人受到了影响。入夜，旧金山的天空变黑了。幸运的是没有发生抢劫，这也许是因为旧金山人和纽约人的不同。但是，由于这个影响，175 台发电机组停止了工作，其中有些核反应堆需要花费几天时间才能重新启动，总的损失估计达到 20 亿美元。

这是怎么发生的呢？是的，在一定意义上我们很清楚地知道事情的经过。博纳维尔的工程师和管理部门马上开始工作，于 10 月中旬提交了报告，详细说明了事情的经过。问题在于，太多的人要问太多的问题，而事实就这一点点。实际上，报告说了一大堆其他的问题，例如维护马虎、没有足够的钱去设置警告标志等等，运气不好也被包括在内。系统中某些本来可以起缓冲作用的单位，或者是由于维修而停止了服务，或者是由于环境保护法不准水电站截断三文鱼赖以生活的河流而被关闭了。总之，报告指出了系统中难以理清的、种种复杂的相互关系。

说到底，报告是在准确地指出问题和避免招致不满之间摇摆。它没有回答应该回答的中心问题：是什么导致系统出现了这样的问题？正是在这个问题上，我们完全没有得到答案。电力系统之所以出现这样的问题，根源在于它是由许多部分组成的，这些部分各自的行为是非常清楚的（关于发电和送电的物理学知识属于 19 世纪），问题是它们的集体行为。这就像在足球场上的球员和股票市场上的交易者，他们的行为有时候是有序的，有时候则是混乱的、令人费解的，甚至是破坏性的和毁灭性的。回顾1996 年 8 月发生的震撼西部的事件，这并不是一些互不相关的偶然事件的简单组合造成的，而是开始的问题导致第二个问题的发生，第二个问题又导致第三个问题的发生，依此类推下去。

这里还要说明一点，其实需要确切了解的是：在什么条件下，哪种故障会发生；说得再确切一点，就是在何种条件下，哪些故障同时出现就会导致灾难。我们需要考虑的并不只是单个故障的后果，而是故障的组合，这就使问题变得更加复杂。8 月 10 日的这场停电告诉我们，要防止这种多米诺骨牌式的连环故障，就需要添置备用的发电机，准备随时替换的机制，这样才能减少个别部分的故障对整个系统造成严重破坏的危险。问题的出现在于：系统的设计者没有把系统作为一个整体来进行规划。

涌现

请考虑一下，我们是如何理解下面这些问题的。究竟是什么原因使得相互连接的系统如此难以理解？是什么使得有机组成的系统具有完全不同于各部分简单堆砌所形成的集合？萤火虫群的闪光、蟋蟀群的鸣叫、心脏里起搏细胞的跳动，所有这些是怎样在没有集中指挥的情况下达到同步的？个别的病例是怎样发展成为疫病大流行的？个别的想法是如何发展成为社会时尚的？在通常很谨慎的投资人中，如何会出现很狂野的投资泡沫，以及一旦传播开来将会如何影响金融系统？像电力网络和互联网这样大型的、脆弱的网络，如何应对随机的故障和有意的攻击？人类社会中的规范和习俗是怎样进化和维系的，又是怎样被推翻和取代的？我们是如何在没有完整的中心信息库的情况下，在一个无比复杂的世界中，安排人力和资源或者回答问题的？公司是如何在其成员普遍没有足够的信息，甚至对于公司面临的问题都不甚了解的情况下，能够有所创新，甚至取得成功的？

这些问题之间的区别很大，但是，实际上都是同一个问题的不同版本而已。即个体行为是如何集成为集体行为的？尽管这个问题非常简单明了，但是它是整个科学最基本的、无处不在的问题之一。例如，人的大脑是上万亿神经元组成的、具有电化学功能的人体器官。但是我们每个人都清楚地知道，它并不只是一个器官，它具有感觉、记忆、个性等许多特性，这些都不是能够简单地用神经的集合来说明的。

正如诺贝尔奖得主菲利普·安德森（Phillip Anderson）在1971年发表的著名论文《多就是困难》中所说的，物理学已经相当成功地对于基本粒子进行了分类，描述了它们的个别行为和相互关系，达到了原子的尺度。但是当一大堆原子集中到一起的时候，情况一下子就变得完全不同了。这就是为什么化学是一门独立的科学，而不只是物理的一个分支。沿着规模增大的阶梯再向上看，分子生物学不能简单地归结为有机化学，而医学也要比分子生物学的直接应用要丰富得多。在更高的层次上，我们遇到更多的领域，从生态学到流行病学、社会学、经济学，它们中的每一个领域都有各自的规律和原则，这些并不能简单地还原为心理学和生物学的指示。

在经过了几百年的顽固拒绝以后，科学终于接受了用这样的观点去看待世界。19世纪的法国数学家拉普拉斯曾有这样的梦想，整个宇宙可以利用足够巨大的计算机，通过化简到基本粒子物理学的方式，得到完全的理解。这个梦想使得科学界花费了20世纪的大部分时光和难以估量的精力。其结果就像莎士比亚戏剧中受了致命伤的演员那样，在最终倒下之前，才喃喃地说出了这一点，放弃了这个梦想。一方面，大家都已经认识到，当一些事物聚在一起的时候，总会涌现出一些新的、不是从它们的原有性质中可以明显推出的现象。但是另一方面，我们对于如何认识和应对这样的现象，至今并没有取得多少进步，只是知道这有多么困难！

系统变得如此难以处理，如我们所说的成为复杂系统，是因为组件形成系统的方式，并不是我们平常所想的那么简单。它们相互作用、相互影响，即使很简单的组件，也会表现出令人费解的行为。近来关于人类基因组的研究表明，所有人类生命的基础编码是由大约 30 000 个基因组成的，远比人们猜想的少得多。人类的复杂性并不是来自于基因的复杂性，人类基因的复杂性并不比许多低等生物大。由此必然得出的简要结论就是：人的个性特征主要并不是来自于基因的特征。基因是作为单独的个体存在的，但是它们的相互作用以及相互影响会显示出极为复杂的情况。

那么，人类系统又是怎样的呢？如果仅仅由于单纯的基因的相互作用，就已经在生物学中造成如此多的难题，那么，在以人为对象的、复杂得多的社会和经济系统中，我们怎么能幸免呢？相互作用和相互关系的复杂性正是我们需要面对的主要议题。幸运的是，当许多人聚集在一起的时候，尽管每个人可能是变化莫测的、难以捉摸的、不可预测的，但是在有的时候，如果我们忽略繁琐的细节，就可以从人群中找出一般性的组织原则。这是复杂系统的另一面。了解人的一般行为规律，就可以帮助我们预测罪犯的行为，为此并不需要了解具体的这个罪犯的个人特质。

有一个传说故事说明的就是这种情况。在英国若干年前，出了这样一件怪事。电力工程师发现一种奇怪的、同步脉冲式的、超过正常负荷的需求峰值。它遍及全国各地，同步发生，尽管每次只持续不过几分钟。最后他们发现，所有这样的冲击都发生在年度足球锦标赛的期间。这时，人们都挤在电视机前。看到中间，某一个球队的球迷们从沙发上站起来，按上电水壶的开关喝茶。虽然作为个人，英国人和所有人一样复杂，但是在这里我们并不需要知道关于他们用电多少等更多的细节，我们只要知道他们喜欢足球和喝茶就足够了。在这个例子里，关于个人的一个简单的表示就足够了。

所以在一个大系统中，有的时候个人的相互作用会产生很大的复杂性，有的时候则不那么复杂。不管是哪种情况，它们相互作用的特定方式都会产生新的现象，从遗传学到全球同步再到政治革命，这些现象可以发生在族群、系统、地区等各个层次上。当然，就像电力网络中的冲击波那样，这些事情中的每一个都有各自的规律和解释。特别值得注意的是，在由人组成的大系统中，人们相互作用的哪些模式是最值得关注的？谁也没有现成答案。但是，近年来越来越多的研究者进行了潜心的研究，在从物理学到社会学等许多领域中进行了理论和实验，这些成果都指向一门新的科学，这就是**网络科学**。

<h2 style="text-align:center">网络</h2>

说到相互连接的方式，最简单的莫过于网络。说到底，所谓网络不过就是一些对象相互按某种方式彼此联系在一起。但是另一方面，由于网络具有用途广泛的特性，也使得它含糊不清、很难精确化，这也正是网络科学如此重要的原因所在。我们可以讨论人之间的友谊网络和组织网络，也可以讨论互联网中的路由器组成的骨干网，还可以讨论大脑中的神经网络。它们都是网络，但又是完全不同的网络。我们需要建立一种讨论网络的精确的语言，不仅说明什么是网络，还要说明世界上有哪些不同的网络，从而使网络科学具有进行实际分析的能力。

这里有什么新的内容吗？任何一位数学家都会告诉我们，从 1736 年开始，网络就作为一种被称为"图"的数学对象得到关注，当时伟大的数学家欧拉研究了著名的哥尼斯堡七桥问题。在普鲁士的城市哥尼斯堡有七座桥，欧拉问道，是否可以有一条散步的路线，走过所有这七座桥，而没有一座桥走过两次。他证明了这是不可能的，这就是图论的第一个定理。从欧拉开始，图论逐步成长成为数学的一个重要分支，并且被应用到社会学、人类学、工程学、计算机科学、物理学、生物学和经济学中。这样一来，每个领域就都有了自己版本的图论，这又是由个体行为集成得到的集体行为。那么，还有什么基本的、普遍的问题需要研究吗？

问题的核心在于，在过去的研究中，网络被看作是纯粹的结构，它的属性是固定的，不随时间变化的。这样的假定离实际太远了。首先，我们在实际中研究的网络，其组成部分都是在做事情的：发电、发送数据甚至做决策。当然，相互关联的结构无疑是非常有意思的，也是非常重要的，它影响着个体以及整个系统的行为。其次，网络是动态的。这不只是说在网络中正在发生着各种各样的事情，而且网络本身就是在不断演变和变化的，这是因为网络的各个组成部分都在做着自己的决定。所以，我们需要研究，在相互连接的时代，网络中正在发生什么，它们是如何发生的。网络的状态又是由网络中以前发生过的事情所决定的。把网络看成是持续演化的、不断自我重构的系统整体的部分，这样的视角就是当今网络科学的新内容。

然而，按照这种普适方式理解网络，无疑是一个极端困难的任务。这不仅是由于其本身的难度极大，而且需要不同领域的专业知识，正是这些专业知识把各种学科和专业隔绝开来。物理学家和数学家自有他们处理问题的分析思路和数学工具，然而他们一般并不花时间去考虑个体行为、激励制度、文化规范这些问题。社会学家、心理学家和人类学家则考虑这些。在过去半个世纪中，他们对于这些问题的思考不断深入，而且比任何人都更多地考虑网络和社会的关系。到现在，这些研究和思考已经积累了从生物学到工程科学的一系列的议题。但是，由于没有他们的数学家朋友那样精巧的工具，社会科学家们的工作进展缓慢，这个目标宏伟的任务被延误了好几十年。

所以，新的网络科学要想取得成功，就必须汇集所有学科的相关思想，汇集理解它的所有的人。简言之，网络科学必须形成自己的研究方式，形成科学家集体解决问题的网络，这些问题的解决往往不是一个人、一个学科所能完成的。这实在是一个令人生畏的任务，长期形成的隔行如隔山的障碍造成了众多的困难和尴尬。不同领域使用不同的语言，科学家们往往很难互相理解。我们的工作方式是不同的，因而我们不仅需要了解别人如何说，而且需要学习别人怎么想问题。可喜的是，近几年来我们可以看到，全世界在这方面的发展和兴趣在不断增长，大家都在寻找表述、解释以及统一理解这个相互连接的世界的思维框架。我们还没有达到这点，但是随着本书后面的展开，读者可以看到，我们已经取得了一些令人振奋的进展。

同步

和所有的故事一样，我的故事的开端或多或少带有偶然性。这发生在纽约上城（Up Town）一个名为伊萨卡的小镇。像这样一个以希腊神话中奥德修斯居住地命名的地方，我想是故事起点的良好选择。然而，当时我所知道的，只有一个奥德修斯，它是一只小蟋蟀，和它的兄弟普罗米修斯、赫尔克里斯一起，出现在我作为康奈尔大学的研究生所做的实验中。我的导师是史蒂文·斯道格兹，他是一位数学家，但是很早就对于把数学应用于生物、物理、社会学等其他领域更感兴趣。曾经在 20 世纪 80 年代初，当他还在普林斯顿大学读研究生的时候，他就被其他领域的应用理论所吸引。为了研究社会学，他要求他的导师允许他做项目以代替写论文。导师同意了，但是还有些疑惑，问他："你能为社会学做什么数学项目呢？"他选择了恋爱关系的题目，建立和解答关于两个情人如罗密欧和朱丽叶之间关系的方程组。听起来这简直有点像开玩笑，然而 15 年后在米兰的一个学术会议上，我遇到了一位意大利科学家，他对于斯道格兹的研究非常感兴趣，他说他曾经试图根据这项研究拍一部意大利的爱情电影。

斯道格兹为了得到马歇尔奖学金，到剑桥大学去参加那难以应付的荣誉数学学位的考试，这种考试由于伟大的哈代《一个数学家的道歉》的讲演而名垂青史。斯道格兹并不喜欢这个考试，很快就开始想念故乡以及自己钟爱的研究课题。幸运的是，他遇见了温佛瑞（Arthur Winfree），一位在生物振荡研究方面处于领先地位的数学生物学家。所谓生物振荡就是生物领域中有节奏的、周期性的现象，例如脑中的神经脉冲、心脏中的起搏细胞的跳动、树丛中萤火虫的闪光等等。温佛瑞也曾经是康奈尔大学的本科生，他提供了分析人类心脏电波结构的合作项目，使斯道格兹的研究很快地走上了正轨。心脏电波是指由起搏细胞启动，并且传遍心脏肌肉，使它们正常跳动的电波。因为有时候它们会停止或者失常，从而导致非常危险的情况，即平常所说的心律失常。所以这项研究是很重要的。在当时，没有人能比温佛瑞对于心脏动力学的理解做的工作更多。虽然斯道格兹很快就离开了这个项目，但是他始终铭记着这段经历，这是他对于振荡和循环，特别是生物系统中的这种现象进行研究的起点。

为了完成他在哈佛大学的博士论文，斯道格兹对于人从睡到醒的全过程的数据进行了大量的分析，试图找出昼夜节奏的变化规律，包括我们坐飞机跨越时区时的情况。他并没有成功，但是这些实验引导他对于一些比较简单的生物循环现象进行更加数学的分析。这个研究是从他和波士顿大学的数学家米若洛（Rene Mirollo）的合作开始的。受到日本物理学家仓本欢子（Yoshiko Kuramoto）的启发（仓本欢子对于斯道格兹的影响可以说是仅次于温佛瑞），斯道格兹和米若洛研究了一种特殊的生物振荡的数学特性，写了一系列很有影响的论文，这种现象被称为仓本振荡器。他们和其他研究者感兴趣的关于振荡的基本问题是：在什么条件下，一大群振荡器就会开始同步振荡？正像本书中讨论的许多其他问题一样，它对于由大量个体相互作用而涌现出来的集体行为来说，是一个根本性的议题。振荡器的同步现象是涌现现象中比较简单而且有明确定义的一种，因而在众多复杂现象中它也是被理解得比较清楚的一种。

图 1.1 表示了一群在圆圈跑道上跑步的人。具体情况和环境可以完全不同，也许是星期日下午出来锻炼的人们，也许是在奥林匹克运动会上进行决赛的人们，具体的参与者可以有非常不同的情况。作为个别的跑步者，他们跑得或快或慢。你可能会这样猜测，这种自然的差别会使得跑步者在跑道上均匀地分布，而跑得最快的人有时会超过跑得最慢的人。但是从实验中我们了解到情况并非总是如此。当跑步者彼此不注意的时候，情况确实是如此，例如星期日下午出来锻炼身体的人们会是均匀地分布在跑道上，就像图 1.1 中左图那样。然而在奥林匹克赛场上，每个运动员都在尽最大的力量不要被第一名拉下太远，而第一名则要竭力保持其领先的位置。运动员们相互之间非常关注，这种情况下就会出现扎堆的现象，就像图 1.1 中右图那样。

对振荡器来说，扎堆就是同步状态，系统是否出现同步取决于两个因素，即内在的频率（跑步的圈数）以及耦合的强度（相互关注的程度）。如果他们的能力都一样，又是同时起跑，那么不管他们是否互相关注，就总会保持着同步状态。但是如果能力的区别很大，例如在万米赛跑的最后冲刺的时候，那么不管他们多想保持在一起，扎堆现象也不会出现，

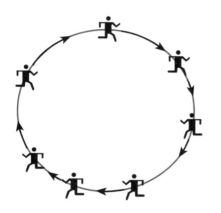 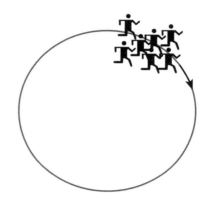

图 1.1 相互关联的振荡器就像在环形跑道上跑步的运动员，当振荡器之间强耦合时，就会出现同步现象（右图），否则，系统就趋向于异步状态（左图）。

同步现象也不会出现。这个简单的模型，可以成为生物界许多有趣的同步现象很好的代表，从起搏细胞的脉动、萤火虫的闪亮到蟋蟀的鸣叫。斯道格兹还研究了物理学中同步现象的相关数学问题，例如约瑟夫森跃迁超导器件，这种极高速度的开关也许有一天会成为下一代计算机的基础。

在 1994 年到达康奈尔大学的时候，斯道格兹已经是耦合振荡器动力学领域的领袖人物了，他已经写了关于非线性动力学和混沌的入门教科书，并且已经实现了自幼以来的梦想，得到了名牌大学的终身教职。他赢得了多项教学奖和研究奖，在世界上最好的大学研究和工作，包括普林斯顿、剑桥、哈佛大学和麻省理工学院。在 30 多岁时就有了骄人的简历。但是他还是感到不快，因为他觉得十几年总是在做同样的事情。他希望能够在科学的汪洋大海中找到他特别钟爱的那个角落，于是他决定重新开始探索。但是，向何处去呢？

我和斯道格兹的第一次接触，还是在他在麻省理工学院的时候。那时我是康奈尔大学的一年级研究生。像很多研究生一样，当时的我对于在研究型大学的生活充满幻想，而对于困难准备不足，不那么实际。我当时认为到哪里去都会比去康奈尔大学好。这时，斯道格兹到我们系做了一次报

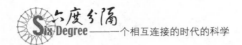

告，这是我第一次真正听明白了的此类报告。于是，我给他打电话，问他是否愿意接受一名新的研究助理。他回答说，他正准备到康奈尔大学来，这次报告其实是对他求职申请考察的一部分。于是我就继续待在这里。

在第一学年的末尾，研究生们照例要通过资格考试。这是要测试他们的工作能力和基础知识，包括他们在本科四年和研究生的第一年学过的所有东西。考试是口试，每个研究生要走进一个坐满教授的大房间，准备在黑板上回答接踵而至的一系列问题。如果通过了，他就可以继续他的博士学习。如果失败了呢？当然，谁都不想失败。那将是极其恐怖的经历（虽然大多数的恐怖都是人为的）。对我提出的问题中有一个是斯托克斯提的，但是这个问题是我没有研究过的。我在黑板上结结巴巴地嘟囔了几分钟，我的毫无准备已经暴露无遗。然而我被仁慈地免于进一步丢脸，转向了下一个问题。幸运的是，之后的考试都没有问题，我们都通过了资格考试。一两个星期后，在另一次晦涩难懂的讨论会以后，令我十分惊讶，斯道格兹向我走来，建议我们谈谈一起工作的事情。

乏味的导师和初出茅庐的学生似乎很难形成有效的组合，然而我们却做到了。在其后的几年中，我们尝试了各种各样的项目，讨论数学，同样多地讨论哲学，注意，不是存在主义那样的哲学，而是实践的哲学。我们讨论过许多问题，包括：哪些问题是有趣的？哪些问题是困难的？谁的工作值得赞赏以及为什么？与创造力和勇敢相比，熟练的技术能力的作用是什么？当一个人打算进入不熟悉的领域时，需要花多少时间去学习别人的已有成果？从事自己有兴趣的科学意味着什么？我猜想对于大多数哲学家也是这样，这些问题的答案（如果说真是得出了什么答案的话）远没有讨论的过程重要。这些讨论的过程深深地影响了我们后来的工作。这样的摸索过程，不仅使我们成为了好朋友，而且给了我完成有关课程的机会。这也使我们避免了过早地集中于单个的、目标确定的项目，而有足够长的时间去想清楚，我们究竟要做什么，而不是能做什么就做什么。这就使得后来的所有事情都变得不一样了。

没人走过的路

在我们犹豫最终做什么项目的期间，有一个小昆虫落入了我们的研究范围，这就是蟋蟀。这听起来实在有点滑稽，然而，确实有一种特别的蟋蟀——雪松蟋蟀（snowy tree cricker），它的鸣叫很有规律，因而成为进行实验的极好对象，比研究起搏细胞或神经方便多了。它们是生物学领域中振荡器的理想样本。我们试图测试温福瑞最先提出的一个艰深的数学假设：只有特定类型的振荡器才能产生同步。因为雪松蟋蟀能够很好地同步鸣叫，我们很自然地想到，是否可以用实验方法来确定，究竟是哪种类型的振荡器可以产生同步现象，从而确定温福瑞的理论预测是否正确。

毫无疑问，蟋蟀当然也是生物学家感兴趣的，因为它们的鸣叫和交配繁殖密切相关；导致全局同步的机制，也是很重要的生物学议题。于是，斯道格兹和我与一位昆虫学家佛瑞斯特（Tim Forrest）进行合作，我跟着他花费了几个夏末的傍夜，爬进康奈尔校园中茂密的树丛寻找样本，包括前面提到过的奥德修斯。在组成了我们的样本队伍之后，我们把它们隔开，放在隔音的小格子里，然后借助一台计算机（佛瑞斯特已经给它安装了麦克风）对它鸣叫。计算机准确地发出刺激声音，并记录下它们的反应，这样我们就可以确定，蟋蟀在周期性地鸣叫的时候，受到它所听到的其他蟋蟀的鸣叫的影响有多大，即下一次鸣叫是提前还是推迟。当然，这里的"其他蟋蟀"其实是我们的计算机（显然蟋蟀还是比较容易被愚弄的）。

但是，这还是比较容易的部分。我们设置的环境还是一个过分人为制造的系统。隔音室里蟋蟀的鸣叫是孤立的，而偶尔听到的计算机的叫声也是它们以前从来没有听到过的。在现实世界里，这是不可能发生的。不但蟋蟀们互相听并做出反应，而且一般来说，一个树丛或一棵树上会有许多蟋蟀，都在同时做着这些事情。我们的问题是，谁在听谁？显然，并不存在一只蟋蟀领袖，其他蟋蟀都听从它的指挥。但是如果没有，它们为什么能够实现同步，并且如此步调整齐一致呢？是一只蟋蟀在倾听着所有其他的蟋蟀吗？还是它只倾听另外的某一只蟋蟀？还是它倾听少数一些蟋蟀的鸣叫？在这个群体里，是否存在某种结构？如果确实有这种结构，它是如何发挥作用的？

当时我还没有习惯于把所看到的任何东西都视为网络，但是即使在那个时候，我已经意识到相互作用的模式可以被看成是某种网络，用振荡理论的说法就是耦合拓扑。我还开始感觉到，网络的结构对于这个群体是否会产生同步现象是会有影响的，这对于把网络作为一个整体去理解是至关重要的。就像所有研究生一样，我以为这个耦合拓扑是个很简单的问题，肯定早已经被解决了，对于我来说，需要做的只是去找到它就是了。然而，我找到的不是答案，而是更多的问题。不仅网络结构与振荡器同步之间的关系几乎没有被研究过，而且几乎没有人认真考虑过网络和任何动力学之间的关系。这些甚至不在人们考虑的范围之内，至少对于数学家来说是这样。我开始意识到，我遇到了许多研究生希望找却没有找到的东西，科学中一个确实存在的漏洞，一扇刚刚开了一条缝还从来没人进去过的门，一个以新方式探索世界的机会。

就在这个时候，我回想起了大约一年多以前一个星期五的晚上，我父亲给我打电话的时候提到的一件事情。他问我是否听到过这样一个说法，任何人和总统之间的关系再远也不会超过六层。不知由于什么原因，我们后来都把这件事情忘记了。这就是说，我认识某人，他认识第二个某人，第二个某人认识第三个某人，如此等等，直到第 N 个某人认识美国总统（如果挑出其中最短的联系路线，那么这个 N 不会超过六）。我没有听说过这件事情，我记得有一次在伊萨卡和罗切斯特之间的"灰狗"巴士上，曾经思考过这件事情是否真是这样。从那以后，在这个问题上我没有取得什么进展，但是我确实考虑过人与人之间的相互关系所构成的网络。每个人都有自己所认识的人构成的一个圈子，可以称之为他的邻居网络。这个网络中的每个人又有自己的邻居网络。如此扩展下去，形成了一个全球的、互相缠绕着的包括友谊、商务、家庭、社区等所有事情在内的庞大网络，任何两个人之间都可以通过这个网络拉上关系。谈到这种联系的长度，对此我们应该可以做些事情，看看它对于人类会有些什么影响，包括疾病、流言、思想和社会动荡。而且，如果这种六度分隔的规律在非人类的系统中也同样存在的话，例如在生物振荡器的例子中，那么就可以对理解同步现象提供重要的帮助。

一下子，我父亲向我提到的那个古怪的市井神话变得很重要了，我决定对此刨根问底。许多年过去了，我们基本上还是在原地踏步。那个漏洞依然存在，而且看起来相当深，到完全搞清楚它恐怕还需要许多年。但是，我们还是取得了一些小的进展。而且我们还了解到，这个六度分隔的问题并不只是市井流传的神话，而是一个具有相当长历史的社会学研究项目。

关于小世界的问题

1967 年，著名的社会心理学家斯坦利·米格拉姆（Stanley Milgram）做了一个不寻常的实验。米格拉姆对于当时在社会学界广为传播但是未经证实的一个假说很感兴趣。这个假说是：看来很庞大的由相识关系构成的社会网络系统，在一定意义上说是很小的，人们通过很少的几层朋友关系就可以到达任何另外一个人。这被称为小世界问题，其来源是这样的，在鸡尾酒会上的聊天过程中，两个素不相识的人突然发现他们有一个共同的熟人，他们不禁感叹道："这个世界真小啊！"（这种情况我自己也曾经遇到过多次）。

不过实际上，鸡尾酒会上的观察和米格拉姆研究的小世界问题还不完全是一回事。真正能够称为熟人的人是很少的，我们很容易碰上我们熟人的熟人，更多的不过是因为我们有共同感兴趣的事情，这使得这种偶遇的发生频率大大增加。这其实并不是通过社会网络实现的。米格拉姆希望表明的是，即使我们彼此并不知道谁认识谁（换句话说，我们碰见生人的时候，并不知道他认识谁，也没有以"这个世界真小啊"结束谈话），但是这种通过认识关系到达这个人的路径也是存在的。米格拉姆的问题是，这个链条上有多少人？

为了回答这个问题，米格拉姆设计了一种创造性的消息传递机制，这种方法至今还以小世界方法的名称为人所知。他把一些信件散发给几百个从波士顿、奥马哈、内布拉斯加随机找来的人，这些信都是发给马萨诸塞州 Sharon 地区的一个股票经纪人，他住在波士顿。但是这些信的传递要遵守以下特殊的规则。发信人必须发给自己熟悉的、知道名字的人。当然，如果他认识所说的这位股票经纪人，就可以直接寄给他。但是如果他不认识这位先生，那他就应当把信寄给一个自己认识，而且他认为会比较接近目标收信者的一个人。

当时米格拉姆正在哈佛大学教书，所以他很自然地把大波士顿地区当作世界的中心。这里和内布拉斯加有多远呢？这里所说的距离不只是地理上的距离，还包括社会意义上的距离，对于当时的波士顿人来说，内布拉斯加远得不可思议。当米格拉姆问这些人，估计要通过多少次转手这信才能到达的时候，典型的回答是几百步。然而其结果接近于六！真是令人惊讶。"六度分隔"这个说法由此而来。1990 年，John Gaure 重新做了这个实验，不过是在酒吧游戏中，而不是在鸡尾酒会上。

为什么米格拉姆的结果如此令人震惊呢？如果你用数学的方法去思考，你可以用同样的方法去继续实验，画出像图 1.2 这样一幅图来。假设我有 100 位朋友，每个朋友又有自己的 100 位朋友。那么和我只有一度分隔的人就有 100 个，而和我处于二度分隔位置上的人就是 100 乘 100，10 000 个。这样一来，第三步就到了上百万人，第四步就涉及上亿人，第五步就超过了 90 亿人。换句话说，只要世界上每个人有 100 个朋友，那么在六步以内，我就能轻易地和这个星球上的任何一个人联系上。所以世界确实是很小的！

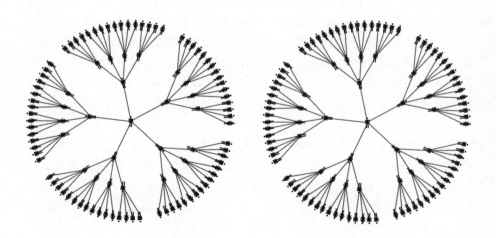

图 1.2　一个纯分叉的网络。自我直接认识五个人，但是在二度分隔的范围内就有 **25 个人**，三度分隔的有 **125 人**，如此等等。

　　然而，你如果是用社会学的方法思考，你可能会马上指出这里的严重
缺陷。100 这个数字太大。让我们考虑你的 10 位最好的朋友，然后问他
们，谁是他们最好的 10 位朋友。问题出在，这里的许多人是重复的。这并
非只是在社会网络中存在，而是几乎所有网络都有的共同性质。这种情
况被称为聚集性，实际上就是这样一种普遍存在的现实情况：一个人的
朋友之间往往也是朋友。事实上，社会网络更像图 1.3。我们倾向于更
多地考虑朋友圈，而不是个别的朋友。这种朋友圈往往是由于共同的经
历、地域或兴趣形成的小型的集群。当一个圈子中的某个人同时加入了
另一个群体的时候，这些集群就相互联系起来，相互之间出现重叠。网
络的这个特点与小世界问题之间有密切的关联。集群导致冗余。特别
是，越是你的朋友，在获取关于你不熟悉的人的信息时，所能起的作用
就越小。

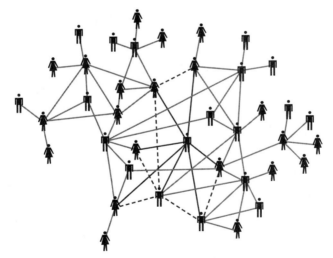

图 1.3 现实的社会网络显示出聚集性，具有相同朋友的人彼此往往也是朋友。
图中的自我有六个朋友，每个朋友至少把其他的五个人中的一个作为
朋友。

　　米格拉姆实验所提供的关于社会网络的思维框架是这样的：一方面，
世界是高度集群性的，我们的许多朋友之间也是朋友；另一方面，我们仍

然可以通过屈指可数的几层关系，联系上这个世界上的任何人。米格拉姆的实验在 30 年中处于研究的前沿，无人超越。然而，其结果至今仍然是令人惊奇的。一位著名主持人在他的节目中感慨道："这个星球上的所有人之间，仅仅相隔六层关系。美国总统、威尼斯的船夫、热带丛林里的原住民、爱斯基摩人，所有他们和我都能仅仅通过六层关系联系在一起，这实在是极其深刻的思想。"

这的确是很深刻的思想。如果我们集中考察某个特定的人群，发现他们有一些共同点，这并没有什么奇怪的。例如，我在大学任教，大学的教员是一个不算大的人群，他们有许多共同点。所以，对于我来说，要想通过一系列同事，传递一个消息给世界上任何一个大学的某位教授，的确不是困难的事情。类似地，如果要给纽约地区的某一位受过教育的专业人士传送消息也不会有多大困难。问题在于，小世界现象的范围要比这大得多。它要强调的是：我可以向**任何人**发出消息，即使他和我根本没有任何共同点。只要想想人类社会被肤色、阶级、宗教、民族严重割裂的现状，这就不是那么显而易见了。

30 多年过去了，小世界现象已经从社会学的一个假设变成了民间传说，然而其核心思想——看来相距很远的人其实彼此之间很靠近——始终还是一个似是而非的命题。不过最近几年似乎有所进展，主要来自于社会学领域以外的一些理论和实证研究，不但有助于该问题的解决，而且使我们看到这种现象的普遍性比任何人所想的都要大。对于小世界现象的这个重新发现，使得这个原来只是在社会学家圈子里的议题，走向了广义的网络及其应用的领域，遍及科学、商业、日常生活等许多方面。

就像在科学发展中以及任何问题解决过程中一样，打破僵局的点子往往是通过从新角度处理老问题而找到的。人们会问："我们的世界究竟有多小？别的世界如何？是不是所有的世界都是小世界？"我们的做法与传统的方法不同，不是深入到这个世界的具体细节之中，而是构建社会网络的数学模型，用数学和计算机去进行处理和研究。我们用极其简单的方法表示网络，简单到用一张纸上的点和它们之间的连线来表示。如前所述，在数学中这样的对象被称为图，关于图的研究已经有几百年的历史，并且积累了大量成果。这是我们研究方法的关键。虽然在这样的简化过程中，我们可能会失去一些相关的细节和性质，然而通过这样的方法，我们可以运用我们的知识和技术，对于网络一般性的问题进行深入的探讨。如果陷入无穷无尽的细节之中，这样的研究将是不可能进行的。

第

2 章

一门新科学的诞生

随机图论

大约 40 年前。匈牙利数学家保尔·埃铎斯（Paul Erdos）采用了一种非常简单的方法来研究沟通网络。埃铎斯是那种能使复杂而且奇怪的东西变得看起来很简单的人。1913 年 3 月 26 日，埃铎斯出生于布达佩斯，21 岁之前他都跟母亲一起生活，之后他卓绝的一生都是在漂泊中度过的。从来没有长久地在一个地方呆过，从来没有一份固定的工作，事实上，埃铎斯是依靠他一个好心同事的救助度日的。他的这位同事很欣赏他灵敏的思维和好钻研的精神，因此很乐意陪伴他、帮助他。他自认为具有把咖啡转换成理论的能力，当然，这并不是说他真的去学做咖啡或者做像烹饪、驾驶一类的日常事务，而是能够去思考一些普通人很少能直接想到的理论议题。然而一旦涉及数学时，他绝对是令人崇拜的。在他的一生中，发表了接近 1 500 篇论文（甚至更多一点），比历史上任何数学家都多。

他和他的同事阿尔弗雷

德·瑞依（Alfred Renyi）一起，创立了正式的随机图论。顾名思义，随机图是用一种纯粹随机的方式连接起来的节点网络。在这里可以用生物学家斯图尔特·考夫曼（Stuart Kauffman）的一个比喻来说明。想象你往地板上扔出一箱子的纽扣，然后每次随机选出一对纽扣并用合适长度的细线把它们绑在一起。如果这个地板非常大，纽扣也非常多，并且我们有足够多的时间来做这件事，这个网络最后会演变成什么样子？最重要的是，我们能证明所有像这样的网络肯定会有什么特征吗？涉及证明，就使得随机图论变得相当困难。仅凭简单地做几次实验然后观察结果是远远不够的。研究者需要考虑在每一个可能的环境中，什么会发生，什么不会发生，并且发生这些情况的条件是什么。幸运的是，埃铎斯恰恰是证明的能手，下面这个就是埃铎斯和瑞依证明的一个特别深刻的结论（见图 2.1）。

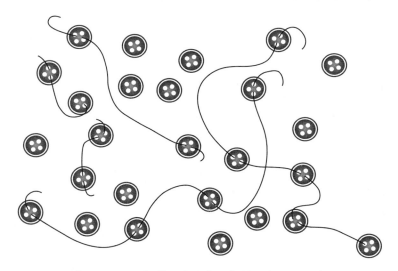

图 2.1　随机图可以设想成用线连在一起的一些纽扣。点对之间由线联系起来

　　回到刚才关于纽扣的比喻中，想象你可以给纽扣系上任意数目的细线，然后随机捡起一枚纽扣，数一数和它相连的纽扣数目。所有的这些纽扣构成这枚纽扣的连接分支，如果我们继续从地板上捡起其他的纽扣，我

们又能找到一个连接分支，我们可以一直持续这个动作直到拿走地板上所有的纽扣。那么所得到的最大的连通分支有多大呢？当然，这取决于我们有多少条线。但是更具体一点呢？

如果你有上千个纽扣，而你仅仅连了一条线，最大的连通分支将仅含两个纽扣而已。相对于整个网络中，这几乎等于零。另一个极端情况是，如果你将每个纽扣都与其他所有的纽扣连线，那么显然最大的连通分支将包括所有的纽扣，即整个网络。但是，在以上两种极端情况之间又将发生什么样的情况呢？图 2.2 表示了网络（随机图）的最大连通分支占整个网络的比例与整个图中连线数目的关系。正如我们预料的那样，当只有很少的线连接时，几乎没有点对是相互连接着的。由于我们连线都是纯粹随机的，我们几乎每次都是将两个孤立的纽扣连接起来，就算偶尔选中一个纽扣已经有线连在上面了，那条线也很可能仅仅连着很少的纽扣。

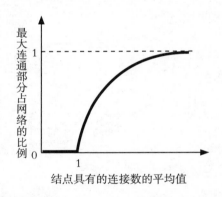

图 2.2　随机图的连通性。当每个节点具有的连接数的平均值超过一的
时候，网络中最大连通部分占网络的比例将会突然增大

但是，随后就发生了一些奇怪的现象。当我们在网络中加入足够多的线，以至于每个纽扣都平均有一根线连着它时，最大连通分支的比例突然而且迅速地从接近 0 跳到了接近 1。在物理术语里面，因为是从无连接的相位跳跃到有连接的相位，我们把这种突变称为相变，而这种变化开始发生的那个点（图 2.2 中曲线最先开始向上走的地方）被称为临界点。正如大家所知，各种形式的相变在许多复杂的系统里面发生，并且被用来解释

多种多样的现象如磁化的发生、流行病的爆发、文化时尚的传播等等。在这里，相变是由于在临界点附近少量连接的增加而产生的。这些连接把许多小簇连接起来形成了一个简单的巨大组分，然后这个巨大组分继续把其他的节点吞并直到最后所有的接点都连接了起来。这种相变的存在和本质，就是埃铎斯和瑞依在 1959 年所说明的内容。

我们为什么要关心这个问题？简单来说，如果两个节点不在同一个连通分支里面，它们是不能交流、相互作用，或者说是互不影响的。它们也可能在不同的系统里，这样一来其中一个的行为完全与另一个的行为无关。所以，存在一个巨大组分表示在网络中不管哪一个部分发生了什么都有可能影响到网络的其他部分。相反，没有这样一个分支则暗示了局部的事件只能被局部地感知。埃铎斯和瑞依通过考虑通信网络开始了他们最初的研究。他们提出的问题是多少条连接需要被加入到一组设备中，使得随机选出的一个设备可以和整个系统的大部分进行通讯。因此，隔离和连通之间的交界处成了一个重要的阈值，这个阈值影响着信息流、疾病、金钱、发明、时尚、社会规范以及任何其他的现在社会中我们关注的事物。全球连接不是逐步实现而是突然大幅跃升，这告诉了我们关于这个世界一些深奥而神秘的事情——至少如果我们相信随机图论会告诉我们一些关于这个世界的信息的话。

当然，这仍然是一个问题。尽管随机图的理论是如此的深奥（深奥得令人困惑），然而几乎我们知道的所有关于现实世界网络的知识，从社会网络到神经网络，都显示出它们不是随机的，或者起码一点也不像埃铎斯和瑞依提出的随机图。为什么？想象一下，如果你真的从全世界超过 60 亿的人口中随机选择你的朋友，那么相比起选中一个来自你的家乡、工作地或学校的一个人，你将更可能选中一个来自另一个大陆的人并和他成为朋友。尽管可以进行全球旅行和电子通讯，这个想法也是荒谬的。不过暂且先保持这个想法，然后假设你确实有 1 000 个朋友，并且他们中的每一个人各自都有 1 000 个朋友，那么你的这些朋友中任意两个人互相认识的几率大概只有 6 000 万分之一！然而，从日常经验中我们知道，我们的朋友往往是互相认识的，所以随机图不适合描述现实社会。不幸的是，我们不久将看到，一旦我们离开图论家所依赖的高度理想化的纯粹随机性，想要证明任何东西都将是极为困难的。不仅如此，如果我们想理解现实世界的网络的特性和行为，最终我们必须面对的恰恰是非随机结构的难题。

社会网络

如果把社会学定义为尝试脱离个人来解释人类行为的学科，可能会有一点不合适。相比心理学主要去理解人们按照他们自己的个人性格、个人经历甚至个人的生理机能而产生的行为，社会学更倾向于把人类的行为或者行动看成被约束的甚至是被决定了的，并且认为这是由人们在特定政治、经济和文化制度所形成的社会环境下所扮演的角色来决定的。用马克思的话来说："人类创造历史，但是……他们并不能够让历史往他们自己选择的方向发展。"因此，社会学是关于结构的一门学科。这样看来，由社会学（和它的姊妹学科——人类学）中发展而来的网络分析理论经常散发出强烈的结构主义的味道也许就不那么令人惊讶了。

如果要把这50年的思想发展线索粗略地压缩成几页来描述的话，那么可以说，社会网络分析的专家们已经发展出了两类丰富的技术来考察和研究这个问题。第一类技术处理的是网络结构之间的关系——被观察的关系集合，这些关系把一个特定群体联系了起来，比如一个公司、一所学校或一个政治组织——以及处理对应的社会结构。依照这个社会结构，个体能够通过他们在社会上参与的特定群体或担当的特定角色而被区分出来。一系列重要的定义和技术陆续地被提出来。它们都带着奇异的名称，像块模型、层次化聚类和多维度量化等等。但是所有这些实质上都是从纯粹相关的网络数据中提取社会上特定群体的信息。这些方法或者按照某种直接的度量方法测得网络成员们的"社会距离"，或者按照网络成员们之间关系的相似度来分组。按照这个观点，网络是社会身份的识别标志——个体之间关系的模式是个体自身潜在的喜好和个性的反映。

第二类技术具有更多的机械方法的味道。在这里，网络被看成信息传播的渠道或者影响力，并且一个单独个体在整个关系模式中的位置将能够决定，对于他或她来说，什么样的信息有权利访问，他或她能够影响谁。一个人的社会角色不仅依赖于他或她所在的群体，也依赖于他或她在这个群体中的位置。在第一类方法中，很多度量方法被创造出来用于量化个体在网络中的位置，并且使对于他们的数值评估与可观察到的个体行为差异关联起来。

弱联系的概念是在后面我们会以小世界问题的姿态出现的模型原型，它不同于这两类通常的分析方法。这个概念是社会学家马克·戈兰诺夫特（Mark Granovetter）提出的。戈兰诺夫特对两个波士顿的社区做了广泛的研究。这两个社区都试图动员社区成员对抗来自城区开发的威胁，但是两个社区取得的结果却完全不一样。从这个研究中戈兰诺夫特得出了令人吃惊的结论：有效的社会协同并不出现在密集互锁的"强"联系中。相反，它来自于常常是互相不怎么了解或者没有很多共同点的个体之间偶尔的弱联系。在他那开创性的 1973 年的论文中，他把这种作用称为"弱联系的力量"。这个美丽而文雅的短语从此成为社会学的一个专业词汇。

戈兰诺夫特随后展示了弱联系和一个人找工作的机会之间类似的相关性。结果显示，找工作问题并不仅仅在于有没有朋友给你介绍工作，准确地说，你的朋友是什么类型更为重要。然后，最为奇怪的是，对你最有用的并不是你最亲密的朋友。因为他们认识的人，你大多也认识，你们接受的信息也大致相同，所以，不管他们多么愿意，也不能帮你进入一个新的环境。相反，往往是偶然相识的熟人能够帮助你，因为他们能给你一些你在别人那里无法得到的信息。

另外，弱联系可以被看作是个体级别和群体级别之间的一种联系，它们是由个体产生，但是它们的存在不仅仅影响到了"拥有"它们的个体的状态和表现，也影响到了个体所在的整个群体。相应的，戈兰诺夫特认为只是通过观测群体级别的结构——观测个体所存在的结构——就可以区分强弱连接。尽管我们现在发现局部（个体）和全局（群体、团体、种群，等等）之间的关系比戈兰诺夫特 30 年前描述的要更加微妙，他的工作仍然是新兴的网络科学兴起的先声。

动力学问题

社会网络分析对于结构的深入研究打开了纯粹图论的大门，提出了一系列从未探讨过的问题。但是社会网络分析仍然面对着一个大问题：网络

中根本没有动力学。网络分析家们更倾向于把网络看成社会力量的静止的
体现，而不是一个在社会力量的影响下进化的实体。并且，网络本身就体
现着某种影响，而不仅仅是一个通过自有规则传播影响的渠道。按照这种
思路，网络结构被看作一组静态矩阵，它能够表现社会结构的所有信息，
这个社会结构包括个体行为以及个体对系统行为影响的能力。我们所要做
的只是收集网络数据，测量正确的属性，所有的信息就会神奇地显现出
来了。

　　但是我们到底应该测量什么，到底又能得到什么样的结果？事实上，
答案更多地依赖于我们所研究的具体问题。比如，疾病的扩散并没有必要
和金融危机的传播或者技术革新的传播相同。再比如，使得一个组织能够
有效收集信息的网络，它的结构特征可能跟有效处理信息的网络，或者灾
难恢复网络的结构有所不同。距离美国总统的六度距离可能很短，也可能
很长，它取决于你想要干什么。就像克莱因伯格（我们会在第五章讲到他
在小世界问题当中的杰出工作）有一次向记者解释过的，他和加利福尼亚
州伯克利大学一位学者合作过一些论文，而恰巧这名学者曾经和微软未来
的 CEO 合作过。"很不幸，"克莱因伯格说，"对于我来说，这并没有使我
从比尔·盖茨那里受到什么影响"。

　　因为单纯的结构化的、静态的、对于网络结构的度量，并不能说明任
何网络中发生的动作。这不能提供系统的方法，将它们的结果变得有意
义。比方说，考虑一个教管理的学校，宣称领导才能是完全通用的一种技
能，它的法则普遍适用。这样的学校的吸引力是显而易见的——学会怎么
去"管理"然后你就能管理任何事物，从一个刚起步的公司到一个非营利
性组织到军队的一个排——但是实际上事情绝对没有这么简单。举例来
说，一个战斗步兵团需要的领导才能，和一个政府机关需要的是完全不同
的，而且在一个环境中做得好的领导也许在另一个环境中会做得很差。这
并不是说完全没有共同的原则在里面；相反，原则必须根据特定的组织去
尝试，观察所得到的结果，并由在其中工作的人的类别来进行诠释。结构
化分析也是如此。如果没有对应的关于行为的一套理论——动力学，任何
一种关于网络结构的理论将从根本上就是无法提供有效说明的，因而也就
是没有什么实际用途的。

　　关于上述问题，可以举出一个重要的例子，这就是：在关于集中化的问题上，纯粹的结构分析的方法，是如何把许多分析者引入歧途的。对于大型分布式系统来说，从社区网络到神经网络和生态系统，一个重要的谜团就在于：在没有集中式的授权和控制的条件下，内在的全局性活动是如何涌现出来的。在独裁制度和卫星寻呼网络之类的系统中，往往具有专门设立的、实施控制的中心，通过设立这样的中心从而回避了分散化的协调问题。但是，在许多逐步发展和自然进化而来的系统中，这种控制的实现途径远非一目了然的。然而，对于集中化的知觉的诉求是如此的强烈，以至于网络分析者们总是把注意力集中于各种集中化的度量方法的设计上，包括对于个体层次上的以及在网络整体层次上的各种测度。

　　在这个做法中隐含着的假定就是，一些看起来是分散的网络其实并不分散。这个假设认为：如果我们认真收集和观察网络数据，即使在很大、很复杂的网络中，也会呈现出若干有影响力的参与者（例如信息经纪人）和关键要素，这些东西一起构成了其他人可以依赖的功能上的中心。这些关键参与者和要素也许不明显——从传统的地位和权利的角度来看他们可能并不重要——但是他们的作用仍然存在。一旦他们被确立，我们就又回到了熟悉的领域中了，又开始处理有中心的系统。集中化的概念在关于网络的文献中格外流行，原因显而易见。集中化理论是靠经验证明的、分析型的，它能够产生出可计量的结果。然而，这些结果有的时候令人吃惊（根据分析结果，一个公司里面最团结的力量是来自吸烟者，因为他们每天都在外面聚集好几次；老板的助手，而不是老板本人，是这里的关键信息中介！）。然而，这还不会迫使我们接受任何难以置信或者违反常规的观念。基本的观念仍然是：这个世界永远有着一个中心，信息在这个中心被处理并且被分发，处于中心的参与者比处于外围的参与者具有更大的影响力。

　　但是如果确实没有任何中心，情况会怎么样呢？或者存在多个中心，而且这些中心之间并没有必然的联系，甚至是对立的。如果重要的创新并不是从一个网络的核心中产生，而是在这个网络的外围，而且主要的信息中介太过繁忙以至于不能够观察到外围。如果小事件因为意外事件从隐秘的地方渗出，引发了大量的个体选择，而且虽然这些选择都是在没有一个

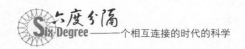

全局规划的情况下做出的，但是这些选择不知何故聚集成了一个任何人都不曾预料到的重要的事件，甚至包括参与者们自己在内也感到意外。

在这些情况下，网络个体的集中化，或者说某种向心性，都告诉不了我们多少关于结果的情况，因为中心本身是作为事件的结果而出现的。这个陈述对我们理解网络有着极重要的含义。在从经济学到生物学的众多系统中，事件不是被任何先前存在的中心所驱动的，而是被对等个体的交互所驱动的。你应该还记得上次在演唱会的一大堆人群里，在嘈杂的欢呼声中，所有的听众突然开始一同鼓起掌来。你有没有好奇地提出这样的问题：所有这些人是怎么达成统一到一个节拍的？毕竟，人们自然鼓掌的节奏各不相同，而且他们并不恰好在同一时间开始鼓掌。那么是谁开始选择节奏的呢？有的时候很容易知道——音乐停下来，所有人随着低音鼓的节奏鼓掌，或者领唱起一个慢而长的拍，然后把听众带动起来——但是通常的情况是没有这样一个中心的信号，并且没有人来选择节奏。

这时发生的事是，当人群接近同步的时候，一小部分人会随机地开始同时鼓掌。他们不是特意这么做的，而是孤立的，这短暂的时间仅仅持续几个节拍。但是这已经足够长了。因为他们碰巧同时聚集在一起，所以在能听到的范围内他们会暂时地比其他人的声音要大，所以他们更倾向于把其他人拉入到他们的同步中来而不是被拉入到别人的同步中去。因此，其他人很可能会加入到他们中，然后提高他们被注意的信号，再拉入其他的人。在数秒之内，他们成为了中心，围绕着这个中心，聚集就形成了。但是如果一个外部的观察者想询问领头的人们他们是怎么做到的，很有可能连他们自己都会诧异于自己所处的特殊地位。更进一步说，如果我们的观察者想在同样的露天运动场以同样的人群重新进行实验，他们将看到聚集是在一个不同的但是同样任意的一个中心附近形成。

许多类似的或更为复杂的社会过程都是这样的，比如说，革命。塞尔维亚的前总统、独裁者米洛舍维奇（Slobodan Milosevic），最终不是被另外一个政治领袖，也不是被那个领袖的军队推翻的。确切地说，他垮台背后的驱动力量是一个叫做 OTPOR 的近乎自治的学生运动的松散组织。该组织在成功获得大众支持之后才形成了一个比较紧凑的领导中心。对学生运动的一项传统的社会网络分析，着眼于 OTPOR 的一些主要参与者，追踪他们相互之间以及他们的跟随者之间和其他组织的关联，并且尝试确定他们用以建立他们中心组织者地位的方法。但是我们将在第 8 章中看到，当涉及的是大规模的、协调好的社会运动时，事后的认识不是 20 — 20——实际上，它会很容易令人误解。因为特定的事件序列和它们时机掌握上的特殊性决定了谁会作为领导显露出来，所以比起领导决定事件，相反的情况更像是事实。在 2000 年夏天塞尔维亚这个充满社会不满的混乱的"大锅"里，只需要一点小的而本质上随机的事件就能令学生运动和民众达到沸点。许多个体致力于终结米洛舍维奇的统治，但是他们之中只有一部分人后来成为了领袖，而且他们成为领袖的原因和他们所声称的比其他人更特殊甚至处于特别的位置上没有必然联系。相反，是来自革命自身的运动决定了它的中心在哪里，正如同鼓掌人群的中心或埃铎斯和瑞依的随机图里的巨大组分。

那么，在没有任何集中的权力和控制下，全局性的、内在的活动是怎么从对等人群的交互中涌现出来的呢？我们将在接下来的几页中看到，网络结构是这个问题的关键，但是动力学也是关键。虽然我们已经在用这个术语了，但是，动力学实际上有两个含义是值得区分的，因为每个含义都衍生出了新的网络科学的一个完整的分支。第一个含义，也是贯穿第三章和第四章讨论的意思，我们称之为**网络自身的动力学**（dynamics of the network）。在这个词的理解上，动力学指的是进化的网络结构本身，指的是创造和打破网络连接。例如，随着时间的流逝，我们交了新的朋友，与旧的朋友失去联系。因此，我们的个人网络变了，而且我们所属的全球的社会网络结构也改变了。传统网络的静态结构分析方法可以被当作是这个正在进行的进化过程中网络结构的快照。无论如何，关于网络的动态学认为，现存的网络结构只有通过了解导致它出现的过程的本质，才能被适当地理解。

第二个含义，将在第五章到第九章中出现，我们称之为**在网络上的动力学**（dynamics on the network）。从这个观点出发，我们可以把网络想象成一个固定的基础，连接着个体，这和传统的网络观点类似。但是这里个体在进行着一些活动——搜寻信息、散布流言或者制定决策——这些结果受到他们邻居正在进行的事情的影响，并且也受到网络结构的影响。这本质上就是斯道格兹和我几年前从板球项目中转移时在思考的一类动力学，也是至今仍然在统治着我们思考社会过程的思路的动力学，且不论其正确与否。

在现实世界中，这两种动力学无时不刻不在同时进行。社会的参与者，从革命者到 CEO 都必须反复再三做出选择，不仅仅是选择如何对他们所感知的事件进行回应，也对他们将要和谁结交进行选择。如果你不喜欢一个朋友的行为方式，你可以试着改变他的行为或者选择和别的人在一起打发时间。在对一个单独的事件做出回应时，网络的结构可能改变，但是网络上的活动模式也可能改变。更进一步，每种抉择——每种动力学——都帮助设置了上下文关系，在这个上下文中后续的抉择必须被做出。你的幸福影响你的网络，而你的网络影响你的幸福。这是个复杂的舞蹈，所以为了能得到一些进步，你必须首先了解每种动力学本身。幸好，在解决这些任务时，我们能站在一些巨人的肩膀上。

从随机性出发

阿纳托尔·拉博波特（Anatol Rapoport）是一个数学家，但不是传统意义上的。在他半个世纪卓著的职业生涯中，他不仅对心理学、博弈论和合作演化有深入的研究，还对流行病学和社会网络研究做出了极大贡献。早在 20 世纪 50 年代，拉博波特就在芝加哥大学一个名为数学生物物理学委员会的研究小组中，研究人类种群中疾病的传播。当大部分流行病学者把精力集中在忽略人类交互的社会因素的疾病模型时，芝加哥的这个小组了解到对于某些疾病，现实的网络是关键。在很多情况下，只有通过解决谁与谁交互，才能决定一种特定疾病的爆发究竟有多大危险。

我们在以后的章节将会回到这个话题上来，因为它不仅和疾病的传播有关，也与信息，比如流言和计算机病毒的传播有关。现在提及的拉博波特早期工作的重要性在于，虽然他是以一个数学家的身份来研究网络结构的，但是社会学、心理学和生物学的观点深深地影响着他。这很可能是与他在比较大的年龄时（在他三十多岁的时候）才读研究生有关。他之前曾在军队里服役，并且参加了第二次世界大战。所以当他差不多成为一个数学家的时候，他已经经历了许多生活的变迁兴衰，并且把它们都吸收进他的工作中去。

给定在一个特定的社会网络中爆发的疾病，拉博波特想知道情况到底能有多糟。换句话说，假设疾病是如此具有传染性以至于基本上每个接触到感染者的人都会被感染。最终会有多少人被感染呢？这个最终依赖于人群连接的程度。如果我们讨论中非地区的乡村，在热带雨林之中，那里大部分的人生活在小而相对隔离的村庄里，我们可以想象，在一个单独的村庄中爆发的疾病虽然会摧毁那个村庄，但是仍然会是局部性的。然而，如果我们讨论的是北美大陆，这里有着高密度的人口，并且由通过空中、道路和铁路交通编制成的网连接着，很明显开始于任何一个地方任意的高传染性的疾病，都将爆炸似地传播。拉博波特问道，是不是有一个连通性的临界状态存在于这两种极端的、从一些小的孤立的人口集合到一个单独的连通的块之间呢？这个问题一定听起来很熟悉——这本质上和埃铎斯和瑞依提到的关于沟通网络的问题是一样的，而正是它导致了随机图论的诞生。

事实上，拉博波特和他的合作者们抱着和埃铎斯等几个匈牙利数学家们差不多一样的想法，从随机连接着的网络开始了他们的研究，并且虽然他们没有用到埃铎斯他们那么精深的方法，但他们仍然得到了类似的结论（而且差不多比埃铎斯和瑞依早了10年！）。由于拉博波特的实用倾向，他很快就洞悉了随机图模型可解析的妙处，并且想把这些东西归结为随机图本质上的缺陷。但是如果网络不是随机的，那是什么呢？在《安娜·卡列尼娜》的开场白里，托尔斯泰感叹："幸福的家庭家家相似，不幸的家庭各不相同"同样，所有的随机图本质上都是一样的，但是非随机性却很难被界定。例如，你有没有注意到，有些友谊是非对称的，甚至不是相互的。是不是某些关系应该比其他的关系更受重视呢？我们怎么解释人们在交往时对和他们自己相近的人的明显偏爱呢？是不是大部分人都有差不多数量的朋友，或一部分人有高于平均水平数量的朋友？我们怎么解释团体的存在，在这些团体里人与人之间的关系很紧密，但是各个团体之间的联系却很少？

拉博波特的小组对这些问题发起了勇敢的进攻。他们把研究随机图的工作扩展到了解释人性的领域。比如趋同性——"同种羽毛的鸟儿"——

那种喜欢和自己相像的人交往的趋势。这个特性不仅可以描述大学生联谊会的特性，也可以描述公司的人力资源组成，商店和餐馆的顾客组成，还有各地区的种族分布特点。趋同性可以帮助解释为什么你会认识和你相似的人——因为你们有一些共同的地方——但是你也许会好奇你现在认识的人怎么决定你将来要认识的人。拉博波特也考虑了这个问题，所以他引入了三角闭合的概念。在社会网络中，分析的基本单位是对子，也就是两个人之间的关系。但是接下来的分析中最简单的层次，也是所有团体结构的基础，是一个三角型，或者叫三角形。当一个人有两个互相认识的朋友时，这种情况就会出现。拉博波特不是第一个把三角形看成团体结构的最基本单位的人。伟大的德国社会学家乔治·西迈尔（Georg Simmel）早半个多世纪前就引入了这个想法。但是拉博波特成果的突破之处在于，它在描述中引入了动力学。两个不认识的人，如果他们有一个共同的朋友，很可能以后会认识；也就是说，社会网络（不像随机图）将会通过三角趋于闭合的方式进化。

总体上说，拉博波特把他定义的这些特征又定义成倾向，因为每个特性都使得他的模型离开纯随机性但综合起来却没有减少随机性。随机性是优美而且有力的特性，它经常可以完美地替代现实生活中发生的复杂的、混乱的而且不可预知的事情。但是很明显它取代不了一些更有力地影响着人们决定的原则。所以拉博波特分析，为什么不在一个模型里面把这两种力量平衡一下呢？你决定你认为更重要的原则，然后想象着建造一个按着这样的机制运行的网络，而这个网络也是另一个意义上的随机。拉博波特把他的新模型的类型称为偏随机网。

这个方法里包含的巨大力量在于，通过把网络当成动态的进化的系统，它避免了在标准的静态网络分析中的主要缺陷。不幸的是这样做时，它也遇到了两个障碍，一个理论上的，一个实践上的，而且都被证实是不可逾越的。第一个是数据。现在，因为互联网革命的结果，我们习惯了看到非常巨大的网络中的数据以及这些网络的描述，包括互联网本身。更重要的是，能够通过电子的方式记录社会交往的各种科技，从电话到短信再到在线聊天室，在近几年里都分别以好几个量级增加了网络中的数据。

但是数据的收集却不总像这样。直到 20 世纪 90 年代中期，而且无疑可以追溯到 50 年代，能得到社会网络数据的唯一方法就是出去手工收集数据。这个意味着分发调查问卷，希望被调查者记起他们认识的人以及他们和他们认识的人之间的关系。这个方法不是一个获得高质量数据的很可靠的方法。不仅仅因为人们有时候很难在没有适当地刺激下记起他们认识的人，也因为两个认识的人很可能对各自之间的关系有着完全不同的看法。所以很难说真正的情况是怎样。这个方法也需要在调查对象以及特别是调查者身上下一番工夫。一个更好的方法是记录人们实际上在做什么，他们和谁交往以及他们怎么交往。但是在没有电子数据收集时，这个方法在实际操作上比问卷调查更加难以实现。因此，存在的社会网络数据倾向于处理小范围的人群而且经常被研究者们预先设好的特定问题所限制。当时拉博波特没有为他的模型找到一个研究的实例。如果你不知道整个世界的状况，那是很难了解你是否成功地获取了一些有意义的东西的。

而且，拉博波特还面临着一个更棘手的问题。尽管他知道自己想要解决什么问题，但是他必须面对在 20 世纪 50 年代他只有笔和纸作为工具的这个现实。就算是今天，用速度惊人的计算机来处理，偏随机网的分析仍然是一个难题。而当时这个问题基本上是不可能解决的。最基本的难点就是一旦你打破了埃铎斯-瑞依关于所有网络连接都是独立发生的这一假设，你就完全不清楚什么依赖于什么了。比如三角闭合，仅仅被认为是通过一个特殊的方式使得网络偏斜——通过让长度为 3 的回路（三角形）更容易出现。也就是，如果 A 认识 B，而 B 又认识 C，那么 C 比起随机挑的一个人更有可能认识 A。

但是我们一旦完成三角形，我们就会遇到一些没有预料到的事情：我们也同时得到了长度不为 3 的回路。一个关于这个未预料到的依赖关系最简单的例子可以从图 2.3 中看到。在第一个图里面有四个节点，依次连接成为一条链，我们把它们看成一个更大的网络中的一个部分。假设现在 A 节点准备建立一个新的联系，而且它倾向于和朋友的朋友建立联系。很有可能 A 和 C 而不是和其他的节点连接，所以这里假设 A 和 C 建立了新的联系。现在我们看第二个图，我们假设 D 也要建立一个新的联系。同样，D 节点倾向于和朋友的朋友连接，而现在只有两个点可以连——A 和 B 节点——假设 D 决定选择 A，因此我们得到了第三个图。发生了什么？我们

指明的只是对联系朋友的朋友的偏爱，换句话说，完成三角——长度为 3
的回路——的同时我们还得到了 ABCD 长度为 4 的回路。

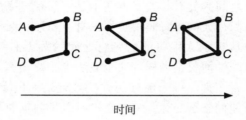

时间

**图 2.3 一个偏好随机网的演化过程。对建立长度为 3 的回路的偏
好（三角闭合偏好）也创造出了更长的回路（此处 ABC
和 ACD 合并起来就得到了 ABCD)**

我们的规则中没有提到长度为 4 的回路，仅仅指明了三角形的倾向，
但我们将不可避免地得到它们，而且还将得到类似的其他长度的回路。发
生这种情况的原因，正是在于网络的构建是一个动态的过程，每个相继建
立的连接把网络当前的状态作为输入，而这个输入包括了所有之前建立的
连接。如果 A 到 C 的联系没有在之前发生，从 D 到 A 的联系也许不会出
现。所以不仅每个特定的倾向会在无意中造成某种影响，而且任何一个事
件在网络进化的过程中某个时刻发生的概率，将依赖于所有到那个时刻为
止发生过的事情。

在拉博波特时代，认识到这点就已经走到路的尽头了，而看过他的论
文原稿后你会发现，他自己已经知道这一点。如果芝加哥大学的研究小组
有我们今天的计算机，他们也许已经非常轻易地解决了这个问题，而且网
络理论也许会沿着一条完全不同的路发展。但是他们没有。他们苦于缺乏
数据，被匮乏的计算能力所桎梏，偏随机网的理论挣扎到没有几个拥护者
可以凭着他们的数学直觉掌握它的时候就基本上消失了。它确实是未来时
代的想法，像其他这类想法一样，它必须在现在的时代受难。

物理学家来了

事实证明，物理学家是最适合侵入到别人的学科里的。他们不仅极聪明，而且通常都比大部分人对他们自己选择研究的问题要少些牢骚。物理学家喜欢把他们自己看成学术丛林之王，高傲地认为他们自己的方法比其他人的高明，而且警惕地守护着自己的领地。但是他们的另一个自我却类似于食腐动物。他们乐于从他们觉得有用的地方借用思想和技术并乐于插手其他人的问题。这种态度对所有人都是一个挑衅，而物理学家们进入一个以前是非物理领域的研究的时候通常预示着一个充满重大发现和骚动的时代的来临。数学家也偶尔做同样的事情，但是没有屈尊到像一群被新问题的气味激发的饥饿的物理学家一样，如此骚乱而又如此众多。

在埃铎斯和拉博波特时代开始的几十年里，当社会学家集中精力在静态结构化的网络系统解释上时，物理学家也都集中到了一组类似的问题上面，尽管是不经意的而且是从相反的方向出发的。物理学家们没有通过测量网络结构上的属性来了解个人和团体的社会角色，相反，他们有效地利用了个人层次的属性，力图深入了解这方面的条件，而且通过设定关于结构的简单假设，通过这样的途径，得到相应的、团体层次上的属性。和社会学家的情况一样，物理学家的方法也是被想要了解一些特定问题的需求所引出来的，尽管是物理学的问题而不是社会学的问题。一个最主要的例子就是磁场。

我们中的很多人都在高中的自然课上学过，磁性物体是由大量极小的磁体组成的，测量到的磁场实际上是这些小磁体的磁场的总和。但是这些小磁体同样也是由更小的磁体组成的，依此类推。这个分解什么时候才到头呢？磁场到底是从哪里来的？答案实际上是，如麦克斯韦尔（James Clerk Maxwell）在 19 世纪末第一次描述的，是从电场和磁场难以理解的等价性中来的。麦克斯韦尔电磁场的统一论的结论是，旋转的带电粒子，比如电子，会制造出它自己的磁场，这个和电场不大一样，因为它有着由它旋转的方向而决定的固有的方向性。因而任何一个磁体总是有北极和南极；而一个电子，举例来说，只有一个单独的负电位。这个基本的物理事实带来的结果是一个磁体现在可以被象征性地表示成许多小箭头组成的点阵。每一个小箭头对应一个带电的旋转粒子，即旋子。磁场现在可以被看作是在其中所有的旋子（也就是箭头）指向同一个方向的一种系统状态。

在所有其他条件相同的情况下，磁旋子确实倾向于一个个整齐地排列成行。所以让它们指向同一个方向，似乎并不是一件难事。但其实这还是有难度的，因为磁旋子间的互相作用非常弱，以至于每个磁旋子的定向，都仅仅被和它在点阵中的直接相邻者所影响。相反，全局的排列需要每个旋子至少"知道"所有其他旋子的方向，甚至那些距离很远的也一样。可能发生的事情是许多组旋子局部地排列着，但是相邻的组是指向相反方向的，而且没有哪组能够影响其他组的指向。尽管希望得到的状态是全局排列中的一种，但是系统可能卡在这种失败状态上，而这种状态只有通过施加外部磁场或者用额外的能量敲击才能跳出。因此磁化一块金属一般需要把它放到一个强磁场中或者加热它或者敲击它。然而，如果能量过高的话，所有的旋子将会随机地翻转，而不管它们的邻居甚至是外加的磁场的影响。所以，为了得到全局的排列，有必要让整个系统从一个高温开始，然后慢慢冷却下来，而且一般要放置在一个外加磁场中。

数学物理学的伟大成就之一，就是弄清楚了到底磁场是怎么传播的。非常奇特的是，在传播的临界点上，系统的所有部分尽管只能纯粹地在局部交互，但是行为却像是可以互相任意地交流。个体旋子可以交流的距离通常被称为系统的相关长度，而考虑临界点的一个方法就是把它看作是相关长度扩展到整个系统的时候的状态。在这个被称为临界状态的情况下，小的摄动（perturbations）甚至可以无界限地在一个无限大的系统里面传播开来，而这本来在其他情况下只能被局部感知。因此系统看起来展现出一种全局的协调，但是这种协调是在没有任何中央集权参与下形成的。当一个系统处于临界状态的时候是不需要中心的，因为每个事件发生的地方，不仅仅是一些中心，都可以影响到其他事件发生的地方。实际上，因为每个事件发生的地方，按照定义，是同等的而且它们是同等地连接着的，并不存在让某一个成员成为其他成员的管辖者的倾向，因而也就没有出现中心的倾向。所以，在弄清楚观察到的现象的根本原因上，测量集中化或向心性的程度是毫无用处的。反而，像早先提到的随机图和鼓掌的例子，一系列小的随机事件——在常规条件下也会发生且不会被注意——在临界点上，可能会把系统推向一个统一组织起来的状态，而让人看起来像是被有目的的引导着似的。

这个听起来有些神秘，但是它最好地展示了我们的理解，即事件如何在一个量级上影响另一个量级上的系统属性，甚至当系统的每个元素都仅仅关注于它们的邻居的时候也是这样。这个发现带来的刺激使得对自旋系统的研究成为了物理学中的私人作坊（cottage industry），产生了成千上万的论文。物理学家对旋子模型深感兴趣，部分原因是它们的表达如此简单，但更多的原因是它们和如此多的现象相关——磁系统、液体结冰以及其他肉眼可见的状态变化，比如超导体的形成。如果你曾看过一杯水结冰或者顺着雪线爬山的话，你也许会注意到，这些状态的变化不是稳步和逐渐的，而是突然的。前一秒还在下雨，下一秒就下雪了。磁体要么被磁化，要么没有。

通过临界点的变化，实际上就是物理学家所说的相变，这个说法实际上和随机图中的不连通和连通的状态变化非常相像。我们能够在这两个无关的系统间发现一些相似之处，物理学中的磁体和数学概念中的连通性，比如图论中的连通性，这应该能传达出一些新意，即到底相变的理论以及普遍的临界现象有多深奥。不管我们讨论的是磁化还是水结成冰，包含着完全不同的物理原理甚至是完全不同材料的结果，对应的相变本质却是一样的！

不同系统能够展现出本质上的相似之处，这一事实通常被称为通用性（universality），而它明显的正确性是现代物理学中最深奥的、最大的谜团之一。其之所以神秘的原因在于，没有明显的理由说明，为什么像超导体、铁磁体、冰冻的液体以及地下石油储备等完全不同的系统之间，会有某种相同之处。这告诉我们，至少在极端复杂的系统中，一些属性能够在不知道它们的具体结构或者遵循的规则的情况下得知。我们能够忽略许多细节的系统类型被称为通用类型。通过了解一类特定模型的通用类型，物理学家能够得出一些关于在不同的系统中什么能够发生、什么不能发生的有力论断。同样，也是在只知道它们的基本事实的情况下。对于任何有兴趣了解某个复杂系统，如朋友圈、公司、金融市场甚至社会等社会和经济系统呈现出来的行为的人来说，这是一个极有帮助的消息。

要建立一个简单的模型来描述这样的系统，主要障碍之一在于，我们几乎不明白驱动这个系统的基本法则。爱因斯坦曾说过物理学家解决容易的问题。这并不是说物理学容易，而是说就算是最难、最不易解决的问题，比如流动的湍流和量子力学，物理学家一般也要从主要的方程这样一个合理的、简化的想法出发。他们也许并不能解开这个方程，也并不了解他们能找到的解决方案的全部含义和隐含的后果。但是，至少他们首先对要解决什么问题达成了共识。而经济学家和社会学家则面临着更加暗淡的前景。尽管已经有两个世纪的共同努力，主宰着个体社会和经济行为的法则仍然没有解决。

从社会科学中得到一个通用的决策制定理论最成功的尝试，也许要算合理预期理论了，或简称为合理性。经济学家和数学家们为了让对人类行为的争论得到科学的严密性而发展出来了这个理论，现在这个理论已经成为实际中比较和解释的基础了，即所有其他的理论都要和它比较。不幸的是，我们在后面的章节中将看到，合理性对人类性格和认知能力做了许多假设，而这些假设是如此的过分，以至于为了谨慎地对待它们，需要好几年的经济理论的学习。更不幸的是，没有人发明过更好的方法。

在20世纪50年代，西蒙（Herbert Simon）和其他人发表了一个看上去合理得多的合理性的版本，被称作有界合理性，这个理论除去了以前的理论中一些很不可靠的假设，而且没有丢失掉原来理论的常识基础。即便大部分经济学家承认有界合理性的一些版本在实际中是正确的，而且西蒙因为他的这个理论获得过诺贝尔奖。但是问题在于，一旦开始违背完全理性行为的假设就没有办法知道何时才会停止了。正如没有什么好办法使得随机图不随机一样，有众多的方法可以使得合理性被界定，所以我们永远不能确定我们的方法是不是比较正确的那一个。

正因为它宣称我们不需要确切地知道微观层面上的行为和交互的具体规则——在不知道这些规则的情况下至少可以解决一部分问题，因而，通用性的保证才如此诱人。这个保证很重要，那么问题出在哪里呢？通用性在几十年前就被了解了，而且在磁化和超导现象的应用中发展而来的临界现象的理论，是一个已经过充分研究的物理学领域。那么为什么我们不能弄明白传染病、电力不足以及股市崩盘的问题呢？

根本问题在于物理学家们用他们的工具来解决物理问题，而不是社会或经济问题，有时也包括历史在内。举例来说，物理学家习惯于在一个水晶的点阵中考虑原子之间的交互。所以当他们试图把他们的方法运用到人类交往上时，他们倾向于假设人们像原子那样交互。结果是方法看起来非常不寻常，而且得到了许多优美的结论，但是它并没有解决实际问题，因为这个方法考虑的并不是真实的情况。把通用性所有奇妙的地方放到一旁，某些细节的地方确实重要。而这恰恰是社会学家进入这个领域的时候。因为他们一生都在研究整个社会，所以他们确实对它的原理略知一二，并且他们的洞察力是任何有用的模型都不可或缺的一部分。

非常明显，对大部分物理学家这是很让他们惊讶的，这些物理学家们在从他们的问题中抽身出来之前，是不会想到去询问其他人的意见的。如果我们想要得到一些真正的成果的话，这个情况必须改变。大学里的学者们是一群难以驾驭的家伙，他们很不愿意跨越他们的学科界限一下，哪怕是仅仅打个招呼。但是在网络世界里，社会学家、经济学家、数学家、计算机科学家、生物学家、工程师以及物理学家都有要互相分享的，也都有许多需要学习的地方。没有一个学科、一个单独的方法，可以全面涵盖网络，这是不可能发生的。相反，对实际中的网络的深入研究，只能通过各种思想和数据的紧密结合才能得到，而这些思想和数据散布于整个知识范围里，各处都有着引人入胜的历史和深度的谜团，而且只靠这些领域自身是不能解开这些谜团的，必须从别处找到解开这个谜团的钥匙。就像拼图一样，关键在于所有部分通过互锁来形成一个单独的、统一的图画。这个图画，像我们将在下面的章节看到的那样，远不是完善的。但是经由许多学者跨学科的研究以及建立在历代著名学者努力的基础之上，问题的轮廓终于逐渐清晰起来了。

第
3
章

小世界

当斯道格兹和我开始一起工作的时候，对于前面提到的这些，我们一无所知。我们俩对拉博波特和戈兰诺夫特的研究没有丝毫的了解，或者说对社会网络，我们的知识为零。我俩对物理学倒是有所了解，事实上，在大学的时候我曾修过这门课程。但是，那时候的大学是一所军事院校，在我的军事培训、户外探险过程中无形中学到的一点知识以及作为一名海军时我这样一个年轻人所产生的一些浅显世俗的想法，对于这个问题来说是那样的风马牛不相及。对我来说，图论也像谜一样神奇。作为纯数学的一个分支，图论可大致分为两部分，一部分是显而易见的，一部分则是基础性的。在课本之外，我学到了前者，对后者，我努力过但毫无收获，这更使我确信我对这方面没有任何兴趣。

所有这些无知让我们处于一种十分尴尬的处境。我们有理由相信，前人对这个问题一定研究过，我们担心在花费大量的时间进行研究后，最终发现自己在重复着前人做过的一些工作。但是，我们还认为如果我们深入地去研究，或许我们会因为别人已做了很多工作而感到沮丧，或者因为和前人看问题的角度相同而陷入思考，停留在其他人已经做过的事情上面。在澳大利亚家中的一个多月里，我一直在想这个问题，直到1996年的一月份在斯道格兹办公室和他碰面后，我们才下定决心要做下去。没有告诉任何人，也没有看什么资料，我们决定放弃蟋蟀项目，然后去构建一些非常简单的模型来探讨社会网络，如小世界现象的作用。出于替我着想的目的，斯道格兹坚持我们的这个项目只延续四个月的时间，也就是一个学期，如果在这段时间里我们没有什么突出的成果，我们将放弃这个工作，然后回到以前的蟋蟀项目上。事情最坏的结果，将是我的毕业时间推迟一个学期，但如果做这件事情能让我感到开心，那又何必在乎这一点呢？

从朋友那里获得帮助

那时候我在伊萨卡刚好待了两年多一点，渐渐觉得自己有了一个新家和新朋友，但我仍然经常和我的老朋友们保持联系。在我看来，无论你问康奈尔大学里的哪一个学生他们在澳大利亚会和一个普通的人保持多亲密的关系时，他们一般都会跟你说不会太亲密。毕竟我的美国朋友在之前没有见到过另外的澳大利亚人，而我在澳大利亚的朋友也很少了解美国人。这两个国家正好位于这个星球的南北半球上，尽管有些文化具有相似性，也有很多彼此相互着迷的地方，但对于大多数的人来说，那是一个遥不可及的地方，就像一个其他的世界一样。虽然如此，但是因为有我这样一个共同的朋友，至少一部分的美国人还是会和一部分的澳大利亚人保持亲密的联系，或许他们自身并没有意识到这一点。

在康奈尔大学，类似的事情也发生在我周围的不同群体的朋友们之间。我是理论与应用力学系的学生，这是一个很小的系，在这个系里外国学生的人数比美国学生要多许多。我花了很多的时间和系里的其他研究生交流，并和大家相处得很好。同时我在康奈尔大学的户外教学课中学习攀岩和滑雪，到今天为止我在康奈尔大学认识的一部分朋友就是其中的指导员以及在这门课程中所认识的同学。与我同系的同学彼此之间相互认识，我的室友彼此之间也相互认识，我在户外课中的朋友彼此之间也相互认识，但是这些群体都是完全不同的群体。如果没有我的双重联系，我的那些学攀岩的朋友根本就不会去我那位于金博尔大楼的系。不知什么原因，他们总倾向于将工程方向的研究生看作是研究物种繁殖问题的人。

两个不同的人可以各自和一个共同的朋友相处得很亲密，但是就他们自己而言，他们彼此间却是那样的遥不可及，这是社会的一个缩影而且这也显得不可思议。就像我们将在第五章中看到的，这个矛盾正是小世界现象的核心。通过解决这个问题，我们不仅可以明白米尔格拉姆的研究结果，还可以弄懂许多表面上与社会学毫无关系的网络问题，但这需要做更多的工作。现在，我们完全可以说我们不仅仅只有朋友，我们还有成组的朋友，每个组都是由一定背景下的群体组成，就像我们大学里的宿舍或者是我们当前的工作场所，这些都让我们紧密地结合在一起。在每个组的内部都是一个高密度连接的人际网络，但不同组之间的联系往往是松散的。

但是，这些组可以由隶属于多个组的个体成员联系起来。随着时间的推移，这些群体之间的重叠可能会变得更大，而且他们之间的界限会更加模糊，因为通过一个共同的朋友，人们从一组开始与他人发生互动。我在康奈尔大学的那些年，我不同组的朋友们渐渐地和其他组的成员接触，并最终也成了好朋友。我的一些澳大利亚朋友甚至也会来串门，虽然他们没有停留足够长的时间来形成任何持久的关系，但现在两国之间的距离在一些小的方面已经拉近了。

经过了对这个问题的多次思考以及在异常寒冷的康奈尔大学校园多次徘徊之后，斯道格兹和我决定，在我们的模型中我们需要抓住四个要素。第一，社会网络包含许多内部紧密连接的、凭借个人的多重联系发生团体间相互重叠的小团体。第二，社会网络不是一成不变的物体，新的关系不断产生，旧的关系也会退出。第三，并非所有的潜在关系都是完全相同的。明天我将认识的人至少在一定程度上依赖于今天我所认识的人。最后一点是，我们有时做出的事情完全取决于内心的喜好和个人的性格，这些行为有可能导致我们接触到和我们之前的朋友都没有发生过任何联系的新人。我下定决心去美国完全是因为我希望去那里读研究生，到那里的时候我一个人也不认识。同样的，我选择上攀岩课也与我所在系别、所在宿舍没有任何关系。

　　换句话说，我们之所以做出我们的每一个决定，一方面取决于我们所处的社会环境，另一方面则是取决于我们的先天偏好和性格。在社会学中，这两个因素被称为结构和能动性，而社会网络的进展则是由这两者的权衡驱动的。因为在个人做决策的过程中能动性是不受他周围环境影响的，源于该能动性的活动相对于其他的事件就显得很随机了。当然，去另外一个国家或者去一个研究院读书是由很多复杂因素决定的，如个人经历和心理等，因此这就没有一点随机性了。但只要这些决定不是明显地由当前社会网络驱动，我们就把它们当作随机事件来看待。

　　一旦这些明显的随机关系成立之后，新的结构就会加入到这个图中，这些新成立的重叠部分就成为让其他人更多地联系自己的桥梁。因此一个社会网络的动态演变过程就由这些彼此冲突的力量的一种均衡来推动。一方面，个人做出那些看起来很随机的决定，让自己加入到一个新的社会轨道中，另一方面，由于受到现有朋友关系的约束他们又会积极地去强化已经存在的群组结构。这个价值 64 000 美元的问题是，相对于其他人这有多重要？

　　显然我们并不知道这个答案，同时我们也很清楚，其他人也不会知道。毕竟这个世界十分复杂，而这正是由不确定性，难以衡量的冲突力量之间的均衡造成的。幸运的是，类似这些纠缠在一起的经验正好是进入这个理论研究的入口。与其试图建立现实世界中个人能动性和社会结构，即随机和有序两者之间的平衡，我们不如选择另一条道路，即尝试找到通过观察所有可能的世界来得出我们可以学到什么的答案。换句话说，将思考重要秩序和随机之间的关系，作为经我们调整可以推动的可能空间的一个参数，就像我们调节老式收音机的旋钮，来让我们能够扫描无线电频率的频谱一样。

　　在频谱的一端，人们总是通过其现有的朋友们结交新朋友，在另一端，则是什么也不做。这两个极端都是不现实的，但那正是我们研究方法的要点，即通过舍弃不合理的极端，希望在某个混乱的中间带可以找到一个比较符合实际的可行解。即使我们不能很明确地找出这个点，我们希望找到位于这两个极端之间的、许多可以被很好定义的位置，并弄清楚它们代表的含义。我们寻找的不是一个可以作为展示整个社会网络的模型的单一类型的网络，而是具有通用性的一类网络，从细节上说这类网络中的每一种可能都各不相同，但它们的本质并不取决于这些细节。

设计这样的合适模型着实花费了一些时间。我们开始时构想的群组结构概念，比我们预期的要更加难以琢磨，但渐渐地突破口还是找到了。与往常一样，我立即沿着走廊冲向斯道格兹的办公室，不停地敲着他的门，直到他放弃了自己正准备去做的事，让我进门。

从穴居野人到索拉利人

或许这并不奇怪，在我还是小男孩的时候，我就是艾萨克·阿西莫夫（Isaac Asimov，美国著名科幻作家）的忠实读者，尤其是在我一遍又一遍地读了他的《基地》和《机器人》两大系列书籍之后。说来也奇怪，心理史学的一代大师哈里·谢顿（Hari Seldon），《基地》中的男主角，可能是激发我产生研究社会系统的最早动力。正如谢顿所说的那样，虽然个人行为是那样的复杂和不可预测，但这些暴徒的行为，甚至是文明的，是可以进行分析和预测的。尽管在 20 世纪 50 年代早期它看起来是那样的荒诞，但阿西莫夫的想象正是今天尝试了解复杂系统的研究工作的先声。《机器人》系列正是我想和斯道格兹谈起的内容。

在这系列的第一本书《钢穴》中，伊利亚·贝莱警探在未来完全建立在地下的洞穴世界里，暗地调查一件神秘的谋杀案。在侦察过程中，他也在深思自己和同胞们的神秘生活。由于大量的人挤在他们的洞穴中，贝莱所熟悉的是一个关系密切的、互相无所不知的群体。陌生人不相互交谈，和朋友之间的相互作用都是以物理形式或在个人之间进行。然而在续集《裸阳》中，贝莱被派到殖民星球索拉利上，完全相反的社会关系让他很不适应。与地球不同，索拉利人居住的星球人烟稀少，他们居住在彼此互相隔离的巨大庄园里，在他们周围只有机器人，而且他们只通过遍布星球的电话设备与他人交流，即使和自己的配偶也是一样。在地球上，人们则是生活在相互关联的环境中，与随便一个陌生人建立联系会被人认为是不可思议的事情。但是在索拉利星球上，所有的连接都是平等开放的，建立一个新关系十分轻易，以前的旧关系就显得不那么重要了。

想象这样的两个世界，一个洞穴中的世界和一个随机的、完全独立地联系的世界，然后想一想它们各自是如何建立新的联系的。具体来说，假定遇见一个随机挑选的人，你和这个人目前拥有共同朋友的可能性有多少。在洞穴中，没有相互熟悉的人表明你正住在另一个穴中，所以你们可能永远都不会见面。但如果你们有共同的朋友，哪怕是仅有的一个，那就意味着你们住在同一个穴、同一个社区中，在同一个社交圈中，因此也变得极为熟悉。显然，这将是一个奇怪的生活场所，但问题的关键仍然是要找到两个极端。在另一个极端中，类似索拉利星球上，你的社会历史与你的将来没有任何的联系。即使两个人碰巧有很多共同的朋友，他们也不见得会比没有共同朋友的两个人见面多。

所有这些选择新朋友的一般原则可以用我们称之为互动规则的词来准确描绘。在我们的模型中，我们可以建造一个节点网络连接的社会关系（我们假设他们是朋友关系，虽然他们并非一定是），然后让网络沿着个人按照指定的互动规则结交新朋友进行扩展。这个世界的两个极端，洞穴世界和索拉利世界，可以用图 3.1 来描述它们的规则。

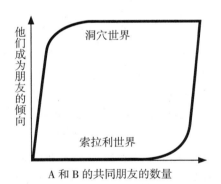

图 3.1 互动规则的两个极端。在上面的曲线（洞穴世界）中，只要有
        一个共同的朋友，两个人就很可能成为朋友。在下面的曲线
        （索拉利世界）中，即使两个人有很多共同的朋友，他们也不
        见得就成为朋友。

我们可以看到两个人成为朋友的倾向是由当前他们拥有相同朋友的数目决定的，但到底是由什么来决定的有着明显不同的规则。上端曲线代表

的是洞穴世界，因为一旦两个人拥有一个共同的朋友，他们就立即显示出巨大的也成为朋友的倾向。相反，下部的曲线代表的是索拉利世界，即使有许多共同的朋友，人们也很少有彼此进行互动的倾向。所以，在任何状况下，他们都是随机地发生互动。

将网络进化规则形式化的好处如图 3.2 所示，一个连续的中间规则可以被定义为介于两个极端之间的曲线。这些规则表示了在某一段时间拥有共同朋友的个体成为朋友的趋势，但在哪一个朋友的问题上他们仍然存在着差异。从数学上说，这类规则可以用一个包含可变参数的方程来统一表示。通过在 0 和无穷大之间调整参数的取值，我们可以得到图 3.2 中的互动规则，然后根据这个规则来建立一个网络。我们所做的是建立一个社会网络的数学模型。由于这是斯道格兹和我建立的第一个数学模型，为了有一个更好听的名字，我们称之为 α 模型，这里面的参数也称为 α。

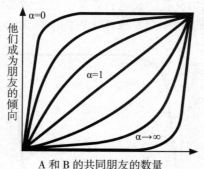

图 3.2　在两个极端之间，存在着一大类互动规则，其中的每一个都和可变参数 α 的一个特定的值相联系。当 α＝0 的时候，我们就得到洞穴世界；当 α 为无穷大的时候，就得到索拉利世界。

但是在那个时候我们并不知道这个 α 模型与拉博波特的随机网络在本质上是一样的。和拉博波特一样，我们也很快发现仅靠一支笔和一张纸是很难解决任何问题的。幸运的是，50 年来的科技发展使得电脑可以快速地解决这个问题。的确，在许多方面网络动态问题可以利用计算机仿真来解决。非常简单的规则，一级个体的行动，但当许多个这样的个体进行互动时就会产生意想不到的复杂性，每一个决策必然取决于以往的决策。但结果常常与我们看到的相反，手工计算在这个时候就显得无能为力了。但是，电脑喜欢这种东西，每一台计算机的诞生正是为了极快地计算这些无休止的、不断更迭的简单规则。和物理学家在实验室做实验一样，电脑成了能利用数学家思想的实验者，通过众多可以任意调整规则的虚拟实验来测试他们的理论。

但是，我们要去测试什么样的事情呢？回想起我们想要解决的问题，小世界现象的由来，似乎取决于社会网络中两个明显矛盾的存在。一方面，网络应表现出大集群的特性，也就是一个人的朋友比随机选择的人更容易了解对方。另一方面，通过仅有的一些中间节点随机选择的两个人应该可以发生连接。因此，通过网络中一些短的链接或者路径，全世界分开的人都可以连接起来。所有这些满足自身的特性都是微不足道的，但它们究竟如何结合起来仍然不为人所知。伊利亚·贝莱的洞穴世界显然是高度集中的，但直觉告诉我们如果我们认识的人只知道彼此，那通过他们经过少数一些步骤与世界上其他人建立联系将是非常困难的。所有这些地方的冗余对团体的结合可能都有益处，但它显然无助于促进全球的连通。相反，索拉利世界更趋向于一个短的网络路径。实际上，图论中任意两点之间典型路径的平均长度比它们都要短。但是，我们也很容易证明，在一个随机的图中，由于受到全球人口数目巨大的约束，我们的朋友之间彼此认识的概率就可以忽略不计了，因此聚类系数将变小。我们的直觉还告诉我们，世界变小或者是世界可以被分成不同的类，还可能两者兼有，然而对电脑来说它是无法感觉到这点的。

小世界

从路径长度和聚类角度考虑，我们开始在电脑上绘制我们的 α 网络图，通过建立模型、完善一些标准参数来衡量相关数据。这个程序所包括的内容大多是基础性的，但我需要自学编程语言，因此写出来的代码就显得不美观，程序的灵活性也不强，有时候我常需要花费数小时的时间来调试程序中的错误，这些错误会在我的程序顺利运行一天或几天后使程序进

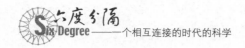

程突然出错或死机。电脑模拟的效果相对于现实世界来说不那么凌乱，但这仍然是个令人头痛的问题。经历了一个多月的努力，最终我们还是得到了一些思考的成果。

刚开始时我们的直觉似乎是对的，如果 α 的值很小，就意味着这些节点有只连接到朋友的朋友的强烈倾向，结果最终的图形将会是高度集群的，以至于他们就被分成很多的小组或者穴。在每个穴中，每个人都和其他人很好地联系在一起，但不同穴之间却丝毫不存在联系。这个结论确实让人很疑惑，因为如果网络像这样子不完整的话，就很难定义处在不同部分的节点之间的距离了。幸运的是，我们可以像以前一样定义一个可判断大小的概念路径长度来衡量成对节点之间的最短路径长度，但我们只计算位于同一个连接组中的成对节点长度。结果如图 3.3 所示，当 α 较小的时候，典型路径长度也小；当 α 值较大时，路径长度也是较小，其在中间的某一个位置路径长度达到一个最大值。原因是当 α 较小时，该图是高度分散的，但由于平均距离计算的只是同一个部分（穴）中的连接点，这些小规模的部分使得路径也很小。这就是洞穴世界，可以相互接触的人们之间很容易发生连接，不能接触的人们就绝不会发生连接。当 α 值很大的时候，相反，这个图形就或多或少有些随机了。因此，这就和单一的通用部分产生了联系，任何成对节点之间的典型距离也就小了，这跟我们了解的随机图是一样的。就像在索拉利星球一样，大家都可以方便地建立连接。

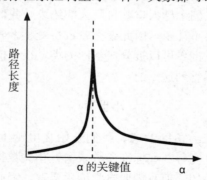

图 3.3　作为 α 的函数的路径长度。在 α 的关键值的地方，许多小的集群加入整个网络，从而总长度迅速增加。

图 3.3 中间的顶点非常有趣。在这个顶点的左边，随着 α 的增加，这些分离的部分迅速地连接在一起，也就导致了路径长度的急剧上升。世界变得更大了，但之所以会这样是因为之前分离的部分已经开始连接在一起。平均来看人们之间的联系变得更难，但越来越多的人可以被他人联系到。在这个顶点的右边，网络图中的所有部分都被连接到同一个实体了，这时候由于互动规则更加随机，平均路径长度也就开始急剧变短。顶点的右边有一个关键点，这个阶段的过渡和我们讨论的随机图形十分相似，在这个阶段每个人都发生联系但成对节点之间的典型路径长度趋向于非常大。在顶点的高峰处，比如说一个百万人的网络，每个人都有 100 个朋友，典型路径长度将会是上千。在一个有数千人和总统握过手的网络中，这显然是小世界的一个对立面。但这一点非常重要，这样的世界具有内在的不稳定性。一旦过渡阶段发生，而且网络已经是全球连接的话，平均路径长度就会像一块石头从高空下落一样急剧下降。尽管这看起来很神奇，但正是这种长度方面的急速下降使之变得很重要。

聚类系数方面也有一些意外的表现，刚开始它由于低 α 值上升到最大值，然后也像平均路径长度一样迅速下降。更有趣的是，这一过程是伴随着路径长度的过渡而产生的。正如我们所预料的，一方面高度聚类的图形有一个大的特征长度；另一方面，聚类程度低的图形其特征长度也很小，我们也预料到这两个过程是相互伴随的。如图 3.4 所示，就像聚类系数达到最大值后下降一样，路径长度也在这时候开始出现暴跌。

开始的时候，我们以为程序代码中有一个错误，但经过我们的仔细检查和让人抓破头皮的努力，我们意识到我们盯着的正是我们在寻找的小世界现象。在我们的模型所定义的宇宙中，存在着这样的一个制度，在一些高度分离的地方集群网络中，任何节点只需经过一些步骤就可以被其他的节点所连接，我们称这类网络为小世界网络，这也许不是最科学的说法但很容易让人记住这个名字。小世界网络受到了很大的关注，我们最初提出的 α 模型渐渐被人们淡忘，但从中我们仍然可以学到很多内容。

α 模型告诉我们的第一件事情是无论这个世界是分成许多小的集群，就像一个个孤立的洞穴一样，还是形成一个巨大的连接环，在这个环中任何人都可以与他人发生联系。即使世界被均匀地分成若干等分，我们也不

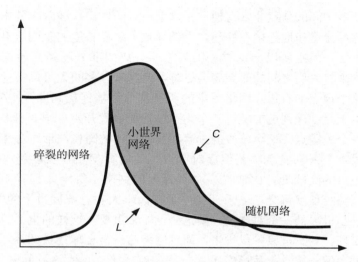

图 3.4 路径长度（C）和聚类稀疏的（L）比较。两条曲线之间的区域，即 L 小而 C 大的区域，代表了小世界网络的存在。

可能形成若干个，比如说两个大的组成部分。这个结论看起来有些出乎意料，因为我们看到这个世界通常根据地域、观念、文化差异等分成不同的组成类别——东方西方、黑人白人、富有贫困、犹太人、基督徒、穆斯林教徒等等。尽管这些分类推动着我们的想法，在一些重要的方面影响我们的决定，α 模型告诉我们的是这些与这个网络本身并不相匹配。我们被全部或者部分联系着，实际上这没有什么关系。

更进一步，高度聚集的状态与高度分散的状态相比有着绝对明显的相似性。我们的 α 系数就代表着整个社会机构和独立的个别机构之间的均衡。现阶段，α 系数很难被解释清楚，因此现实世界中它的具体含义就不那么明确了。一旦我们更多地了解社会网络，这点就将变得清晰，其实它就是代表走了很长的一段路。结果就是我们居住的世界几乎完全位于图3.4 中高峰的右侧，意味着我们任何人都可以被他人联系上。事实上，模型有一个更有力的说明。由于高峰右边的下降是如此的快速，不仅表明世界是小的，也表明任何一对个体只需通过一些中间的媒介就可以发生联系。这个结果对那些花了很多时间在一个相对小的团体——如朋友、家人、同事——并与自己有很大相似性的人群发生互动的人来说也是一个意外。甚至受过高等教育的、有着特权的人也会在他们生活的小社区中感到被孤立。对此他们会感到不开心，但他们仍会对与他们这小部分人有着很大差异性的世界上的大部分人发生联系感到有着遥不可及的距离。因此除了这一小部分人，我们就真的是全部联系在一起了吗？

论点的争议是聚类系数并没有像路径长度那样急剧下降。无论在全球范围内网络是个什么样子，离散的还是连续的，大或者小，聚类系数一般都是较高的。因此个体根据他们所观察到的来推断这个世界就有着严格的限制。一句著名的谚语提到"入乡随俗"，但我们应该说所有的经验都是当地的，我们只知道自己知道的，其他的就不在我们掌握的范围内了。在社会网络中，我们所能接触到的信息，也就是我们能用来做结论的数据取决于我们的邻里关系，我们的朋友和熟人。如果我们的朋友彼此熟知，如果我们的邻里关系高度集中，如果其他人的邻里关系同样集中，我们就可以假定并非所有的集群都可以被其他的集群联系上。

但事实是它们发生了，这也是为什么小世界现象跟我们的视觉所得到的结果相反是一个全球化现象，个体通过一些步骤就可以实现。你仅知道你所认识的，与此同时，你的朋友认识一些跟你是同一类的人。但如果你的朋友中有一位朋友，他有一些和你完全不同的朋友，那么一条连接途径就产生了。或许你不能使用那条途径，不知道它的存在，而且寻找这样的途径也相当困难，但它的的确确在那里。当需要进行宣传工作，考虑影响力，甚至疾病发生的时候，你是否知道这样的一条途径起着重要的作用。就像在好莱坞，你认识谁很重要，但现在内容扩大了：你的朋友认识谁，那些人认识的人也变得一样重要。

尽可能地简单

α模型是解释在人们结交朋友的过程中如何产生小世界网络的一个尝试。当我们知道小世界现象是可能存在的时候，我们就想找出它究竟是如何产生的。但把我们所看到的效果归结为α参数的一个功能并不简单，因为我们并不知道α到底是什么，因此它可以意味着任何一种特定的价值。α模型是那样的简单，但它仍然很复杂，因此我们也在思考我们是否真的想知道它是如何进行的，就像爱因斯坦的那句名言那样，"尽可能简单，没有比这更简单了"。能描述小世界现象的最简单模型是什么呢？哪个简单的模型能告诉我们那些 α 模型没有阐述清楚的东西？我们第二阶段需要怎么入手？β 模型将摒弃社会网络模型中那些肤浅的元素，将结构和随机性提升到一个尽可能重要的水平。

在物理结构上，正如我们已经讨论过的，系统中各个元素之间的互动经常发生在一个格子中。格子是非常便利的研究对象，因为格子中的每个网站与其他格子的都是一样的，因此一旦你知道了你自己的位置，你也就知道了其他人的位置。这也是为什么网格系统在城市道路铺设或者是在大的办公区域房间设置时大受欢迎的缘故所在，因为它们太容易观察了。稍微有些复杂的是那些处在网格边缘的网站，因为比起它们自身内部这些网站之间联系得更少。这种不对称性可以通过包围其两侧的站点来获得稳定（从数学的角度，而不是正式的）。于是直线得以成环，而正方形的格子也形成一个圆环面（见图 3.5）。由于在这个空间中，不再有一个可以出去的接口，我们称这些环和环面为定期格。格子中的点要不停地从一个站点到另一个站点延伸下去，就像古老的太空入侵游戏中的敌舰一样。

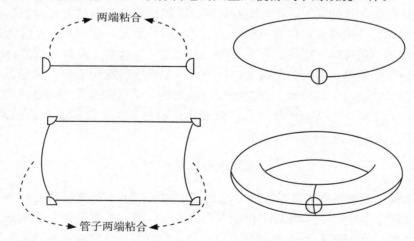

图 3.5　格因为把它的对边粘合起来而具有周期性。上图是一个一维的格（左）变成一个环（右）；下图是一个二维的格（左）变成一个环面（右）。

　　这些周期格就像一个网络中完全自然的单元，通过有序的互动来体现这一概念。同时从另一个极端考虑，一个随机网络看起来就像一个无序的互动。尽管它们不像格那样简单，随机网络也能被很好地理解。从更深的角度看，鉴于周期格中的实体可以被明确地区分，随机网络中的这些实体也可以从统计的角度得到区别。试想在同一片土地上紧靠着生长的两棵枝干甚至大小相同的树木，显然它们不可能永远相同下去，但在某种程度上，它们是可互换的。随机图也可以按同样的思路进行预测：假设任意两个巨大的随机图有着相同的参数，那么没有统计数据是可以将它们分开的。

　　从上文可知，一个网络可以看作是一个有序组成的格或是无序的随机图。我们需要做的是找到一种方法，通过这种方法我们可以跟踪各个中间过程。尽管这些部分有序、部分随机的网络从数学角度仍然难以理解，但对计算机而言这些都不是问题，我们很快就找到了一种简单的算法来构建它们。绘制一个普通的网络，就像图 3.6 左图显示的那样，在这个网络中每个节点都与环上特定数量的临近节点连接。在这样的假定下，比方你有10 个朋友，你很快就可以知道你左边的 5 个朋友和右边的 5 个朋友。就像 α 模型的极端形式一样，这种社会网络显得很奇怪，就像每个人手拉手站

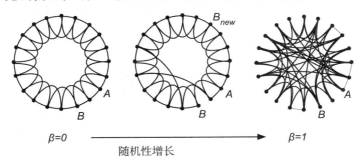

β=0　　　　　　→　　　　　　β=1
随机性增长

图 3.6　β 模型的结构。一个一维的周期格，按照概率 β 随机重新连接。如果 β 为 0，则这个格没有变化（左）；如果 β 为 1，则所有边重新连接，形成一个随机图（右）。在中间的图中，网络部分有序、部分随机地重新连接，例如原来 A 和 B 的连接，改为连接到 B_new。

成一个环，他们唯一的交流方式是通过在耳朵能听到的范围内大声呼喊。记住我们不是尝试在这里建立社会网络，只是想在有序和无序的网络图中通过一些简单的方式来插入。

假设这时候我们引入手机。与仅同你的邻居交流相反，你现在拥有了一个可以将你直接和网络中随机选择的任何一个人建立连接的电话。在图3.6中，这等同于随机建立一个链接并改写。也就是删除 A 和 B 之间的一个链接，然后固定 A 的一端，在随机圆中选择一个新的朋友，我们称为新（B_{new}）。实际上，我们做的是在 0 和 1 之间选择一个测试值（一个新的可调参数），然后系统地访问网格中的每一个链接并随机用合适的测试值进行改写。如果测试值是 0 就不再改写（没有人拥有手机），最终在我们开始的地方停止——一个完美的网格。在另一个极端，如果测试值是 1，每个单一的链接都被改写，结果就是一个高度无序的网络组成的随机图（如图3.6右图所示）

比起 α 模型的两个极端，β 模型的两个极端更容易理解，因为它们是按照一定规则定义的单独节点。像 α 模型一样动态增长的网络一般更难分析，因为这类网络通常不清晰，尤其是在一些观察结构下形成的基本行为规则。更重要的是，许多基本行为规则在最后的网络中可能产生能让人接受的相同的结构特点，这也是我们最感兴趣的地方。我们知道怎样动态地生成小世界网络。在知道了它们如何产生后现在我们想知道的是小世界网络在多大的程度上能独立存在。

除了有序和随机两者的图谱，处于完全相反的两端，网格与随机图又是如何区分开的呢？首先，当一个环形的网格包含许多人的时候，在一定程度上就显得大了，传统的节点数、任意两个节点之间的路径也就更大。举个例子，你想在图3.6左边的图中传递一个消息给环对面的某一个人，假如这个环包括 100 万个人，每个人又有 100 个朋友，50 个在左，50 个在右。传递消息最快的方法就是告诉你左边的第 50 个人，然后让他传递下去。他也告诉他左边的第 50 个人，让他同样这样继续。按照这样的方法，你的消息每次就跳过了环中的 50 个人，经过 10 000 次这样的步骤就达到最终的目的地。并不是每个人都像在你对面的那个人距离你那样远，但平均距离仍然是约 5 000 个间隔，与 6 相去甚远。一个环形的网格也是高度集中的，理由很简单，因为你身旁的人通过虚拟的网格结构，认识了许多和你一样的朋友。甚至是你朋友圈最边缘的人都认识你一半的朋友，所以这些聚类系数平均都超过你所有的朋友，大概是二分之一或者是四分之三。

相反，一个完全随机的线路图呈现出微不足道的聚类。在一个很大的网络中，你随机向其他两个人连线，而这两个人紧随其后又随机与彼此发生连线的机遇微乎其微。同理，当网格很大的时候，一个随机图将一样很小。还记得我们刚开始时关于小世界现象的实验吗？如果我认识 100 个人，他们每个人又认识 100 个人，那么经过 2 度分隔我就能认识 1 万个人，三度分隔后我能认识大致 100 万人，如此持续下去。没有集群就没有多余的浪费和连接，每一个新增连接都延伸到一个新的范围，因此我的熟人网络增长速度是如此之快。因此，只要通过一些步骤，我就可以联系到网络中的任何一个人，即使是人口数目很大的时候。

那么在中间发生了什么呢？当重新布线的可能性很小的时候，就像图 3.6 中间那样，目标对象看起来非常像一个普通的网格，但它具有一些随机性，大范围的连接。它们存在什么样的区别呢？如果你看到聚类系数的时候，很少的一些随机联系基本上不会引起什么差异。对于每个随机的重新布线，你知道你的一些邻居，同时你也有一些别人不知道的朋友。虽然如此，你大多数的朋友都彼此认识，因此这个系数仍然维持在一个高的水平上。但是，路径的长度却发生了很大的变化。由于路径随机重新进行了布线，同时一个大的网格中有许许多多远离你的网格站点，你现在可以与过去远离你的一些人产生联系。因此随机连接产生捷径，这些捷径在以前相距甚远的节点间扮演着缩短路径长度的角色。

重新回到手机的那个对比，不再需要经过 50 步的跨越将信息传递到环中你对面的人那里，现在你和你的目标接收者都有了手机，从而极大地缩短了你们两人之间的距离，一气呵成从经过几千人变成一人。不仅仅如此，如果你想传送消息给你新朋友的朋友，你只需经过两步就可以实现。更进一步，他们的朋友可以和你的朋友进行交流，他们朋友的朋友也可以和你朋友的朋友进行交流，只需要经过很少的几个传递，通过你以及你和这个世界的联系。这就是小世界现象的大致原理。在一个很大的网络中，每一个随机的连接都可能连接到那些从前或许被深深隔离的个体。这样，不仅使他们走到一起，同时网络中的其余部分也变得更加紧密。

观察的一个重要发现是只有一部分的随机连接可以产生巨大的效应。正如你在图 3.7 中看到的，当测试值从 0 开始增加时，路径长度急速下降，下降的速度如此之快以至于难以区分纵的坐标轴。与此同时，许多成对节点之间的距离逐渐变小，每个捷径都降低了任意一个在其后的其他捷径的边际效益。因此当测试值开始增长的时候，在随机图的限制内长度开始迅速下降。对于这个简单的模型，一个奇怪的现象就是从平均的角度来看，头五个随机布线就降低了网络中大约一半的路径长度，而不管这个网络有多大。网络越大，每个独立随机连接增加连接后的影响越明显。报酬递减规律逐渐显现，而且增速十分显著。进一步的 50％ 的降低（现在平均路径长度已是初始值的四分之一）需要另外 50 个的连接——大约是引

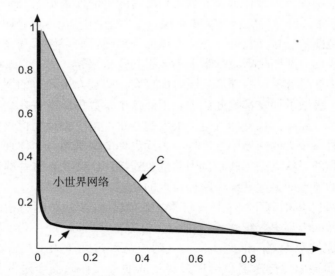

图 3.7　β 模型中的路径长度和聚类系数。和图 3.4 中的 α 模型的情况一样，当路径长度小，而聚类系数大的时候，小世界网络就会出现。

起第一次降低的数目的 10 倍，同时整体中只有一半受到了影响。接下来的削减需要更多的随机连接——更多无序的，但效果却更不明显。与此同时，聚类系数就像龟兔赛跑中的乌龟那样，仍然缓慢地稳定下降，最终赶上完全无序状态下限制的长度。

网络发展的最后结果是我们再次发现了在完全有序和完全无序网络间一个广阔的中间地带，在这个地带中聚类系数很高的同时曲面路径长度也很小。这就是我们的小世界网络。就像在 α 模型中，分布在小世界网络各地的个体不能说清他们所居住的整个世界，他们只看到自己所处的那个人与人之间都很熟悉的紧凑型世界。这个阶段的结论很重要，一方面在接下来的阶段我们将看到疾病和计算机病毒传播途径，另一方面，我们也将看到配对网络和大型组织中的信息搜集。

β 模型给了我们更多的信息，因为它帮助我们解决了第一个模型中 α 系数的难题。这个 α 系数的问题，就是不能解释网络本身的一些问题。当 α 系数很小的时候（就像洞穴世界），我们构建了一个如下的网络，在这个网络中，每个人都有一群很熟悉的朋友，不相识的朋友间也有着很大可能性成为朋友。当 α 系数很大的时候（就像索拉利世界），不管他是否有一群很熟悉的朋友，人们仍想随机地结交朋友。但正如我们看到的那样，我们很难从一个给定的 α 值来预测这是怎样的一个网络，尤其是那些产生有趣行为的中间区域。

现在我们明白了，α 值决定了模型网络呈现出大范围、随机捷径的可能性，而这些捷径恰好完成了所有的工作。这个结论的好处在于我们现在可以随心所欲地构造我们想要的捷径，就像 α 模型一样，通过模拟网络的社会过程，或者像 β 模型简单通过一定的概率来进行构造，在这样的情况下，我们或多或少都会得到相同的结果，尤其是聚类系数。像我们在 β 模型中做的网格一样，我们可以把它简单地放在那里，也可以设置一条规则通过现有的朋友来结交新朋友从而提高聚类系数。此外，只要我们有一套产生聚类和允许捷径的方法，我们就可以获得一个小世界网络。

尽管 β 模型看起来是那样的笨拙，因为现实中没有跟它一样的系统存在，但它所传递的信息一点也不笨拙。它告诉我们小世界网络是通过一些基本组织的简单协调来实现的，包括有序的和无序的，而不是通过一些具体的机制。这一点就启示我们，小世界网络将不仅仅出现在社会网络中，出现在思想起源上，而且它出现在各种各样的网络系统中。

真实的世界

我们可以明显地体会到，小世界网络将出现在各种各样的网络系统中，这一认识对我们来说是一个很大的突破，因为之前我们一直单纯地从社会网络的方向思考。从一个更客观的角度来说，它给我们提供了通过寻找相关数据来证实我们预测的可能。记得在研究小世界现象过程中出现的一个问题之一，就是通过调节有序和随机两者之间的关系，通过经验来证实网络本身，这似乎行不通。有谁可以获得那一类网络的数据呢？但是现在我们可获得的网络数据得到了很大的扩充。可以说任何一个网络都满足我们的条件，只要它能被很好地组织起来。也就是说，它必须能够转化成电子的形式，这在今天看来是很微不足道的。回到互联网1997年的那个灰色年代，想要寻找一个好的候补者都存在很大的困难。

最初我们尝试着通过科学引文数据库这样一个庞大的网络来研究，这个数据库从上千种学术期刊上通过树木索引引用大量的文献。如果我引用了你的论文，我就与你建立了连接，如果我的论文被你引用了，你与我同样建立了连接。虽然这并非我们以前想象的那样（因为论文经常是引用不久前发表的，它们和你的观点都是同一个方向），但这是目前为止我们想到的最好的方法。不幸的是，国际科学协会，也就是这个数据库的拥有者想要我们付费使用该数据库，可是我们没有足够多的资金。

事实上，他们很礼貌但很坚定地说，如果我们给他们一篇文章作为种子同时支付500美金，他们愿意给我们引用那篇文章的作者清单；另外再付500美元，他们将给我们引用了那些文章的论文清单。我们都觉得这很荒谬，如果我们都已经知道网络的特性，也就是从一个初始点搜索到结果（这里就是那个作为种子的论文），那么节点的数目将会成倍地增长。对于第一个500美元，这个机构只需要给我们很少的一些数据，但到第三个或者是第四个500美元的时候，它将要以同样的价格提供数百倍乃至数千倍的数据。围绕着这个天真的想法我们从斯道格兹以前的研究经费中拿出几千美金，想向他们证实这一点，但结果出乎我们意料，于是我们再次去构想其他的一些网络。

接下来的一次尝试就成功多了。1997 年初，一个叫做凯文·贝肯（Kevin Bacon）的新游戏应运而生，并且与大家的兴趣爱好十分相符。这个游戏是由威廉玛丽学院一个非常友爱的兄弟团队研发的，他们中有一些是疯狂的影迷（这是一个无法改变的状态），而且他们认为贝肯是电影世界的中心。假如你从没有听说过这个，下面我们将告诉你它是怎样一回事。电影网络包括许多演员，这些演员间通过一部或多部电影建立联系。我们所说的不仅仅局限于好莱坞，而是任何地方、任何时间的电影网络。据互联网电影数据库显示，自 1898 年到 2000 年间，大约有 50 万人演了近 20 万部电影。

如果你在一部电影中与贝肯有过合作，你就有了贝肯号码 1（贝肯自己的号码是 0）。由于贝肯演了非常多的电影（至截稿时有超过 50 部的电影），他最少和 1 550 个人有过合作，也就是说这 1 550 个演员也都有贝肯号码 1。或许这听起来很多，虽然与贝肯合作过的人员数量远远超过平均数（仅 60 人），但它仍然少于电影演员总数的百分之一。从贝肯这一层往外走，如果你没有和他合作过，但你和一个曾和他合作过的演员有过合作，那么你就有了贝肯号码 2。比如，1953 年玛丽莲·梦露（Marilyn Monroe）在电影《尼罗河》中与乔治·爱维斯（George Ives）有过合作，而乔治·爱维斯（George Ives）在 1999 年的电影《回声缭绕》中与贝肯有过合作，那么我们就可以说玛丽莲·梦露（Marilyn Monroe）具有贝肯号码 2。总的来说，这个游戏的目的就是要通过计算他或者她与这个伟大人物间的最短路径来决定每个演员的贝肯号码。

在表 3.1 中你可以看到以贝肯为原型的演员网络中所谓的距离度。数据库中大约 90% 的演员都有一个贝肯号码，也就是说通过网络中的一些交际链他们都可以与贝肯建立联系。因此我们可以得到的一个结论就是一旦关键节点确定了，演员的网络就和随机网络十分相似。另一个明显的结论就是大多数的演员意外地都有一个很小的贝肯号——这个圈子中的每个人只需要通过不超过四个步骤就可以与贝肯建立联系。

表 3.1 依据贝肯号码的演员分布图

贝肯号码	演员数量	演员数量累计总数
0	1	1
1	1 550	1 551
2	121 661	123 212
3	310 365	433 577
4	71 516	505 093
5	5 314	510 407
6	652	511 059
7	90	511 149
8	38	511 187
9	1	511 188
10	1	511 189

　　还有一个可能的推断，就像友好兄弟那样，对于贝肯先生也有一些很特别的事情，在一定程度上他是整个演员圈的支点。但仔细一想，一个完全不同的解释似乎更合理。如果贝肯真的可以通过很少的步骤就与任何人建立联系，那么或许其他人通过相同的步骤与其他任何人建立联系就显得不真实了。因此，与其计算每个人的贝肯号码，人们或许会选择计算Connery 号码或者是 Eastwood 号码，亦或是 Pohlmann 号码（Eric Pohlmann 是一个 1913—1979 年间一个不大著名的澳大利亚演员，共在 103 部电影中演出）。在自己的基础上进一步计算所有可能起始点的平均值（也就是独立巨大演艺圈中的每一个演员），通过我们描绘的网络模型，任何人都可以获得准确的平均路径长度。

　　我们所需要的就是网络数据，最终这不再是一个难题。正在那个时候，弗吉尼亚大学的计算机科学家特佳顿和沃森（Brett Tjaden 和 Glenn Wasson）建立了一个新的、被称为 Oracle of Kevin Bacon 的网站，这个网站迅速成为网络上最流行的地方。影迷们只需要输入他们喜爱的明星的名字，网站就可以立即找出这个明星的路径，就像前面我们对玛丽莲·梦露做的一样。为了更好地实现这种计算，特佳顿和沃森一定在一个便利的地方存储了这些数据。我们写信给特佳顿问是否可以让我们拿到这些数据。出乎我们意料的是，他立即就同意了并传授我这些原始数据的特点。在那不久之后，我们就计算出了这个大圈子中大约225 000个演员的平均路径长度和聚类系数。结果非常清晰，如表3.2所示。在由20多万个演员组成的世界中，每个演员只需要通过不超过四个步骤就可以与其他的任何一个演员建立联系。同时，每个演员的合作者之间非常有可能（大约是80％）有联系。毫无疑问这就是一个小世界网络。

受到这个结果的鼓舞，斯道格兹和我立即着手去寻找其他的例子。因为我们想要测试我们模型的通用性，我们费尽心思尽可能地去寻找那些与社会网络无关的网络。在这要感谢我们电子工程部门的几个同事，吉姆·索尔普和康伊·贝耶（Jim Thorp 和 Koenyi Bae），他们的研究课题主要是电力传输动态网络，很快我们就取得了联系。斯道格兹和索尔普彼此都很友好，于是我们立刻和索尔普和贝耶会面，讨论他们拥有的网络数据。结果是他们有许多这样的数据，尤其是他们拥有和我们在第一章中提到的1996年8月份灾难性断电的网络传输图非常相似的完整电网图。我们立即坐下来记下笔记，很快贝耶帮助我用西方系统协调理事会使用的网格文件划分出了一些迷乱的符号。在接下来顺藤摸瓜的研究数据的日子中，我们用正确的格式对它们进行格式化，以便让这些数据能按照我们的算法进行计算。结果令我们十分开心，我们发现了与前面相同的现象。如表3.2所示，在相同的节点和连接情况下，路径长度与随机图十分相近，但聚类系数更大——就像我们的小世界模型展示的那样。

表 3.2　　　　　　　　　关于小世界网络的若干统计数据

	实际路径长度	随机路径长度	实际聚类系数	随机聚类系数
演员合作网络	3.65	2.99	0.79	0.000 27
电力网络	18.7	12.4	0.080	0.005
秀丽隐感线虫	2.65	2.25	0.28	0.05

为了更进一步验证我们的预测，我们最后考虑的网络与以往又大大不

同。我们非常想找到一个神经网络来进行数据统计，但我们很快发现这些神经网络数据就像社会网络数据一样，是那样的缺乏。幸运的是，在花费多年时间研究生物振荡器的过程中，斯道格兹学会了一些生物学知识，在经历了一些错误的开始后他建议我们把眼光投向一种被称为秀丽隐感线虫的有机体。他告诉我这是生物学家拿来扩展研究的典型有机体，或许一些人正在研究它的神经网络。

奇迹发生了！在进行了一些匆忙的研究后，这个问题被一个刚好是斯道格兹好友的研究秀丽隐感线虫的生物学家帮忙解决了。我很快了解到秀丽隐感线虫是生物医学研究领域的一种简单生物，与果蝇、大肠杆菌、酵母菌一起，这个地球上最小的线性虫是蠕虫生物学家研究最多的、最有名的有机体。1965 年被沃森和克里克的同代人，悉尼·伯瑞纳尔（Sydney Brenner）以典型有机体提出后，30 年后在人类基因工程中扮演了关键角色，秀丽隐感线虫在显微镜下度过了 30 多年的时间。数以千计的科学家想要弄清楚它的一切而非部分内容。他们中的一些已经不做这些研究了，但他们的成就依然是卓越的，尤其是对那些第一次接触的人们来说。举个例子，他们已经对秀丽隐感线虫的全部基因进行了排序，相对于人类基因工程而言，他们所取得的成就或许是微不足道的，但在更短的时间和更少的可用资源条件下，这些同样是令人难忘的。他们在每个研究阶段标记出了它们身体中的每一个细胞，包括它的神经网络。

关于秀丽隐感线虫最有趣的一件事是跟人类不同，秀丽隐感线虫不同标本之间，甚至是有机体之间几乎没有什么显著的差异。所以在一定程度上可以说秀丽隐感线虫是一种典型的，对人类而言是不可能的神经网络。更方便的是，不仅一组研究者完成了绘制出这个身体只有一毫米长的有机体中每个神经单元是怎样与其他单元联系的这项艰巨的任务，另一组研究者随后就将研究所得的网络数据转化成计算机可读的形式。可悲的是，在取得了两项壮观的科学成就之后，最终的研究成果却专门保存在两张 4.5 英寸的软盘上，附在康奈尔图书馆一本书的最后一张封皮里。确切地说，那本书仍然在那里，但图书管理员告诉我软盘已经丢失了。我很失望地回到办公室然后开始想另一个网络例子，但几天之后我接到了开心的图书管理员的一个电话，她最终找到了磁盘。显然没有人对这些感兴趣，因为我是第一个查看它们的人。在取得了磁盘和一台十分古老的带有 4.5 英寸和 3 英寸两个软驱的电脑之后，接下来的步骤就显得相对简单了。和电力表格一样，这些数据需要一些编码，但不需要花费很大的力气我们就能将其转化成我们的标准格式。这次结果很快就出来了，没有让我们失望，就像表 3.2 所示，秀丽隐感线虫的神经网络也是一个小世界网络。

现在我们已经有了三个例子，同时我们的模型也有了一些经验认证，且这三个网络不仅仅满足在大小、密度方面的差异要求，更重要的是，它们在自然中所处的位置也有很大差异。电力网络和神经网络之间没有一丁点儿的相似之处。电影明星选择影片和工程师搭建传输线的各个细节也很不相同。当然在一定的程度上，在某些方面，这三个系统仍然有一些相似之处——所有的这些网络都是小世界网络。从 1997 年开始，其他的研究者也开始研究小世界网络。正如我们预测的那样，万维网、秀丽隐感线虫、德国大银行和公司所有者之间的联系，美国财富版上 1 000 家公司之间的联系以及科学家之间的网络都被呈现在大家面前。这些严格来说都不是社会网络，但是，像合作研究网络一样，也是可以的。其他的一些，如万维网和所有者关系网络，尽管从真实的意义来看不是社会性的，至少也是社会性地组织起来的。另外的一些网络则显然没有一丝社会性而言了。

模型是正确的。小世界网络没有必要依赖于人类社会网络的特性，即使是我们在 α 模型中努力构建的规范化模式。结果显示这种现象是非常普遍的。任何一个包含一定秩序并存在一些无序的网络都可以是一个小世界网络。这个秩序最初可能是社会性的，就像社会网络中朋友之间的连接方式，或者是物理上的，如电站之间的地理分布，这些都无关紧要。所有的这些需要的一种机制是，与同一个节点连接的两个节点间建立连接的可能性要比随机两个节点建立连接大得多。这是体现局部秩序的一种很好的方式，因为它可以通过考察网络数据来观察和评测，而不需要掌握网络中每个节点的具体信息、节点之间的联系以及它们为什么做那些活动。只要 A 认识 B，A 同时认识 C，那么很有可能 B 和 C 也相互认识，我们就可以得到局部的秩序。

但很多真实的网络，尤其是那些没有一个中心还存在一些无序的网络，社会网络中的每个个体履行着自己的职责，他们选择自己的生活和朋友，因此很难减少他们的社会内容和记录。在物理或者化学因素的影响下，神经系统中的神经单元盲目地增长，而不是按照设计好的方式。从经济和政治的角度来看，电力公司在早期没有规划好的网格上铺设传输线，这些线经常会跨越很长的距离；在经济世界网络中，人们期望按照政治家设计好的、具有创造性的方式有序地进行，只要一些利益冲突能以协调的方式得到解决。

有序与随机，结构与机构，战略与反常，这些都是现实网络系统中的主旋律，每一对之间都相互纠缠着，促使系统通过无休止的冲突来达到来之不易的但是很有必要的平衡。如果我们的过去不能影响我们的现在，如果现在与将来没有联系，我们都会迷失，不仅迷失方向而且迷失自我。正是通过我们周围的结构我们来安排未来使其有意义，但它也可能是一件坏事，因为它可能导致停滞和终止。生活的一种重要的情趣就在于多样性，只有多样才能产生丰富和有趣的东西。

这是小世界现象背后的真正含义。尽管我们通过思考朋友关系来对小世界进行研究，尽管我们在社会关系中依旧会诠释许多真实网络的特征，但小世界现象本身不仅局限于这个复杂世界的社会关系。它得到了升华，从生物学到经济学，它存在于各种各样的生物进化系统中。一方面它很普通，因为它是如此的简单，但作为网格，一旦增加了一些随机的连接后它就不再简单了。此外，它还是最终妥协的必要组成，它有着一贯的特性，在有序的坚定声和永恒的不稳定之间摇摆，无规律可循。

从研究的角度来看，小世界网络也是近几十年来科研系统不同分支之间如数学、社会学以及物理学之间的一种均衡。一方面，没有物理学和数学来指导我们从局部的角度来思考全球现象，我们绝不会尝试从抽象的角度来研究网络关系，我们也不会看到不同系统之间深刻的相似之处。另一方面，没有社会学来促进我们，没有坚持某些真实网络中存在的冷战秩序网格和无规则随机图这一社会现实，我们也绝不会提出本文刚开始时提出的那些问题。

第

4

章

超越小世界

我们对小世界的关注一如既往，它确实引领我们在探索的道路上前进了一段。很多真实的网络，包括我和斯道格兹掌握的一些网络，它们最引人注目的特点之一竟是我们从来没有想要去发现的。1999 年 4 月的一个周末，我坐在圣菲研究所的办公室里，正在做博士后的工作，就在那天，我收到了拉兹洛·巴拉巴西（Laszlo Barabasi）发来的一封友好的电子邮件。巴拉巴西是圣母大学的一名物理学家，他在邮件中索要我们去年发表的一篇关于小世界的文章中使用的数据集。这时，我还不知道巴拉巴西和他的学生阿尔伯特要做什么，但是我很高兴地把手上的网络数据交给了他，并指引他找特佳顿要电影明星网络的数据。我当时本应该多关注一下这件事的，因为仅仅几个月后，巴拉巴西和阿尔伯特就在《科学》杂志上发表了震惊世界的文章，建立了一整套全新的关于网络的问题集。

我们疏漏了什么？因为我们的动力来源于小世界现象，我和斯道格兹相对来说较少关注网络中的节点所拥有的相邻节点的数目。我们知道，社会学家们花费了相当多的时间度量人们拥有多少朋友，并且，无论他们度量出来的数字是多少，都取决于怎样理解朋友。显然，当朋友指的是"可以去掉姓氏，直呼其名的人"和"会与之讨论私人问题的人"或"可以把车借给他一个星期的人"时，同一个人所拥有的朋友数量是完全不一样的。结果，我们就简单地把这个问题归成"太难"的一类，而完全不再思考这个问题。在做这件事的同时，我们对网络中节点连接的分布做了一个假设。假如在一个巨大的朋友网络中，我们可以询问每个人他们拥有多少朋友（假如我们对朋友有个十分明确的定义），并且他们都会给出正确的答案。多少人会只有一个朋友呢？多少人有 100 个朋友？多少人完全没有朋友？一般来说，我们可以使用这些数据画一张图，像图 4.1 那样，这样的图就叫网络的**度分布图**。在简单的图示中，度分布告诉我们一些随机选出的人们会有一些特定数目的朋友的可能性，或者说程度（注意，不要和分离度混淆了）。

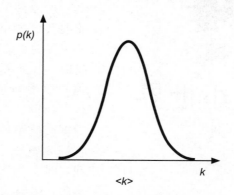

图 4.1 正态分布指出了一个随机选择的节点会有 k 个相邻节点的概率 $p(k)$，平均度 $<k>$ 在分布的顶端。

我和斯道格兹对我们研究的网络做了一个假设：假设所有网络的度分布都与图 4.1 所示的度分布大致相似。也就是说，它们不仅有一个明显的平均度，在图中表现为波峰，而且大多数节点的度的值都与平均度相差不大。换一种说法就是，这种分布以平均度为峰，向两边异常迅速地下滑或衰减。衰减的速度是如此之快，以至于，事实上，即便在一个十分庞大的网络中，任何人的朋友数目比平均值多得多的可能性也是可以忽略的。一般来说，这是一个十分合理的假设。很多现实世界的分布都具有这种特性，它们是如此之多，以至于人们称之为正态分布。对我们来说，正态分布像是现实世界度分布的一个合理猜想。正态分布也满足了我们的另一个需要，网络中的任何人都只与一小部分人联系在一起。

记住，我们曾对小世界现象感兴趣。显然，如果有些人与网络中几乎所有人都有联系，那么网络是小世界就不足为奇了。考虑一下航空网络，如果你想飞往某地，即使从一个小机场出发，你要做的第一件事情是飞到一个空运枢纽。从那里，你可以直接飞到目的地，或飞到另一个枢纽（当然，除非第一个枢纽已经是你的目的地了），即使你要从一个小镇飞到地球上另一个小镇，中转站的数目也很少会超过两个到三个。原因很简单，每个枢纽都与很多机场相连，其中还包括很多枢纽。因为我们从来没有从这个角度考虑过社会网络。

所有的推断似乎完全合理，但是我们犯了一个大错误。我们没有检查！我们如此确信非正态分布是不相关的，以至于我们从未想过去看一下哪些网络确实服从正态分布，而哪些网络不服从。我们的数据就停留在那里快两年，只用半个小时就可以检查完，但是，我们从未检查过。

无标度网络

此时，巴拉巴西和阿尔伯特（Barabasi 和 Albert）也遇到了我和斯道格兹遇到的问题，只是角度完全不同。巴拉巴西是匈牙利人，曾经学习过匈牙利传统图论，包括埃铎斯的随机图表模型。但是，作为一个物理学家，他对随机图模型中一些过于严格的要求感到不满，他想探知人们最近才有条件使用的海量真实网络数据下有哪些尚未发现的秘密。随机图的一个主要特征是它的度分布总有一个特殊的数学形式，即以 19 世纪法国数学家西蒙-丹尼斯·泊松（Simon-Denis Possion）命名的泊松分布。他研究了随机泊松过程的分类，并由此创建了泊松分布。泊松分布与正态分布不完全相同，但它们足够相似，在这里不足以引起我们的关注。从根本上说，巴拉巴西和阿尔伯特所做的事情就是，证明了在很多真实世界网络中，度分布并不服从泊松分布而是服从幂律分布。

幂律是另一个广泛存在的自然分布系统，虽然它的起源像泊松分布一样比正态分布隐晦许多。幂律分布有两个主要特征从而能够与正态分布鲜明区分开来。首先，与正态分布不同的是，幂律分布没有在平均值处达到峰值，而是如图 4.2 所示，从最大值处开始，一路锐减直至无穷。其次，幂律分布衰减的速率比正态分布衰减的速率小很多，这意味着极端事件出现的可能性要大得多。举例来说，比较一个巨大群体中人身高的分布和城市大小的分布。美国成年男子的平均身高大约是 5 英尺 9 英寸，尽管很多人比这个高度高或者矮，但是不会有人的身高几乎到这个高度的两倍（将近 12 英尺）或者这个高度的一半（不足三英尺）。相反的，纽约城的人口数是 800 万稍多一点，几乎是像伊萨卡那样的小镇人口数的 300 倍。像这样极端的不同在正态分布中是无法想象的，但是，在幂律分布中就十分正常。

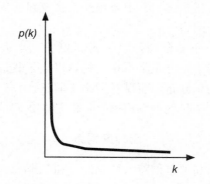

图 4.2　一个幂律分布。虽然它迅速减小趋于 k，但是它比图 4.1 中的正态分布的衰减要慢很多，这表明存在比 k 大的值是有可能的。

举例来说，美国财富的分布服从幂律分布。19 世纪巴黎工程师维尔弗雷多·帕累托首先注意到这一现象，该现象随后被称作帕累托定律，并且，经证实，在每个存在相关统计数据的欧洲国家，该定律都成立。该定律的主要结论是大部分人拥有比较少的财富，而相当少的小部分人拥有大部分财富。因为高度不均衡，所以幂律分布的平均值很有误导性。例如，讨论美国公民的平均财富没什么意义。平均值很大程度上由几个富豪的财产数决定，这几个富豪在图中表示为幂律分布的尾部，所以这样得出的平均值比我们所认可的一个典型美国人的财富数要高。同样的，在网络中，几个连接特别多的节点会造成巨大的影响，与这些节点的数量不成比例。

幂律分布的主要特征值是指数，指数从本质上描述了分布作为某个决定性的自变量的函数是怎样变化的。例如，规模为某给定值的城市的数目与该给定值成反比，那么，我们说，概率分布的指数为1。在这种情况下，我们会看到，奥尔巴尼（纽约州的首府）大约是伊萨卡的3倍大，伊萨卡那样大小的城市数目大约是规模如奥尔巴尼那样大小的城市数目的3倍。但是，如果分布与城市规模的平方成反比，我们说，该分布的指数为2，那么我们会得到伊萨卡那样大小的城市出现的概率是奥尔巴尼那样大小的城市出现概率的9倍，大约是水牛城那样大小的城市出现概率的100倍。

确定幂律分布的指数的最简单方法是作图形，不是以（城市）大小为自变量，以某个事件发生（某给定规模的城市出现）的概率为函数的图形（如图4.2所示），而是画出（某给定城市出现的）可能性的对数相对于（城市）大小的对数的图形。很方便的，在这种形式下（称为双对数图），纯幂律分布的图像一定呈直线，正如图4.3所示。指数就是直线的斜率，十分简单明了。

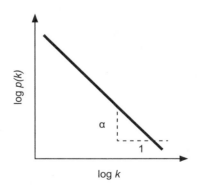

图4.3 分布在一个双坐标图中的幂律分布，指数 α 是直线的斜率（直线在横轴的每单位坐标内减少 α）。

因此，只要我们有足够的数据，我们需要做的就是以对数—对数为标度画图，并测量出所得直线的斜率。例如，帕累托发现，他调查的所有国家的财富分布都服从幂律分布，且所得直线的斜率都在 2 到 3 之间，指数越小，财富不均衡越严重。相反，如果我们同样以对数—对数为标度，画泊松分布或正态分布的图形，我们发现，如图 4.4 所示，在某一点上，图形开始迅速下降，我们称该点为截止（cutoff）状态。一般来说，截止为该分布所代表的事件出现的可能性设置了一个上限。特别是，当把上述理论应用到一个网络的度分布时，截止的意义就是限制了一个节点连接的广泛程度。如果一个人只能与一小部分人有连接，那么即使连接最广泛的人也只能与一小部分人相连接。

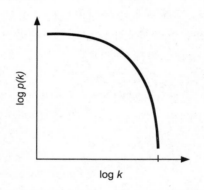

**图 4.4   一个双对数坐标图中的正态分布。截止发生在曲线在
横坐标消失的地方。**

我们从另一个角度思考截止，它定义了分布的一个内在标度，因为幂律分布不断延伸，不存在截止，所以我们说，它是无标度的。因此，无标度网络有这样一个属性，与一般的随机图完全不同，即大多数节点相对来说连接很少，但是一小部分枢纽连接十分广泛。在研究了很多网络数据之后，巴拉巴西和阿尔伯特得出一个意外的结论：很多真实网络，包括我和斯道格兹曾研究过的电影演员网络、互联网的物理连接网络、万维网的虚拟连接结构、多种生物体的代谢网络，都是无标度的。考虑到数十年来，人们做了完全相反的假设，该发现本身就会是惊人的。但是真正吸引网络

业人士兴趣的是，他们更进一步地提出了一种可以使网络随着时间的推移而发展的简单而精致的机制。

富者更富

随机图中泊松度分布的起源和相应的截止的存在，都依赖于一个最基本的假设：节点之间建立连接与否不受其他连接的影响。在网络结构建立过程中，连接很少的节点建立或获得新连接的可能性与连接很多的节点建立或获得新连接的可能性是一样大的。正如人们推测的那样，在这样一个平均主义的系统中，随着时间流逝，什么东西都会变得平均。某个节点可能在某段时间运气很差，但是，最后它一定会得到新连接。同样，纯粹的运气也不会永远保持，因此，即使一个节点在某段时间里获得连接的频率高于平均值，最终，其他的节点也还会赶上它。

然而，现实生活中通常没有那么平均。特别是在财富和成功这些事上，富人好像总是越来越富有，并且通常以损害穷人的利益为代价。这个现象伴随我们很长一段时间了，长到至少从有《圣经》就开始了，马太（Matthew）在《圣经》中说道："对于那些已经拥有的，就继续给予他；对于那些已经缺少的，就继续剥夺他。"19 世纪的社会学家罗伯特·索洛创造了马太效应这个词，在网络中，这可以指连接广泛的节点更有可能吸引新的连接，然而，连接比较贫乏的节点很可能会继续贫乏。

巴拉巴西和阿尔伯特提出，富者更富的效应驱动着真实网络的发展。特别的，如果一个节点拥有两倍于另一个节点的连接，那么，确切地说，它获得新连接的可能性是另一个节点的两倍。他们又提出，真实网络模型与标准随机图模型是不一样的。在标准随机图模型中，节点数目固定，增加的只是连接，真实网络模型应该允许节点数目随着时间而增长。因此，巴拉巴西和阿尔伯特开始只用了一小群节点，之后，系统地增加节点和连接，在每个时间段里增加一个新的节点，该节点新建固定数目的连接，通过这种方式，新节点被连接到现有的网络中。每个网络中已存的节点都有资格获得这些连接，获得连接的可能性刚好与节点的度成正比。因此，在网络中存在时间最久的节点，与后来的节点相比具有优势。因为最开始只有几个节点，它们很有可能吸引到最初的连接，接着，富人更富的规则把这个优势一直维持了下来，结果，正如巴拉巴西和阿尔伯特阐述的那样，经过足够长的时间，网络的度的分布收敛成幂律分布，正是他们从数据中看到的分布。

这为什么重要呢？开始时，无标度的度分布与泊松分布是如此不同，以至于每个想要了解真实网络结构的人都忍不住关注它。显然，由埃铎斯和瑞依提出的标准随机图模型存在重大问题，不仅仅因为它无法预测我们之前讨论过的聚集，也因为它不能解释为什么巴拉巴西和阿尔伯特发现度的分布是幂律分布。单是认识到世界与先前假设的情况有明显的不同就是一个巨大的进步。不仅如此，对于优先权的解释对世界的运作方式做出了补充说明：很小的能力差异或者纯粹的随机波动都能被锁定，进而随着时间的流逝导致巨大的不平衡。最后，像我们在后面章节中将要看到的，无标度网络也有一些其他特性使得它们与正态分布不同，并且有重要的应用价值，例如，面对失效和攻击的脆弱性。

虽然当时他们不知道，但巴拉巴西和阿尔伯特不是第一个提出优先增长模型来说明幂律分布的。早在 1955 年，博学者、诺贝尔奖获得者赫伯特·西蒙（拥有许多荣誉）创造了一个几乎相同的模型去解释商业公司的规模分布。这个特殊的分布是一个齐普夫（Zipf）法则的例子，这个法则是以哈佛语言学教授乔治-金斯利·齐普夫（George Kingsley Zipf）的名字命名的，他在 1949 年曾用它一起描述了完全不同的分布。按照单词在英文课文的使用频率排序（the 是使用最频繁的一个词，接下来是 of，等等），齐普夫将一些词汇量大的课文中的所有单词按照出现的频率进行了排序，并且显示出当它们的频率根据排序规划时，结果的分布就是一个幂律分布。齐普夫继续把他的法则应用于（其他事务中）城市规模分布的排序（指数接近于 1）以及商业企业的资产等等。

齐普夫把这种现象归因于一个他叫作"最小努力原则"的耐人寻味的概念，但是那仍然是模糊难懂的概念，尽管（很久之前）他的一本书的一个标题中写到这个词组。六年后，西蒙和他的搭档井尻祐二（Yuji Ijiri）提出了一个简单的模型，假设——像巴拉巴西和阿尔伯特提出的——独立的城市（或者是西蒙和井尻案例中的商业）或多或少地以随机的方式增长，但是它们按一个特定的量的增长概率却与现有大小成比例。因此，像纽约这样大的城市比伊萨卡城镇更吸引人，放大了原始规模的不同，并产生了一个幂律分布，在这个分布中一小部分"胜利者"就解释了总人口一个不成比例的大份额。

实际上，纽约比伊萨卡大这一点不存在随机因素——纽约地处东海岸一条主要河流的入口处，而伊萨卡处在一个安静的农业区的中部——但那不是西蒙模型的目的。他不能否定在决定哪个特殊的城市成为大城市时地理和历史的重要性，不能像巴拉巴西和阿尔伯特那样，否定一个有前途的商业计划和获得风险投资的途径对于成为可见的高度连接的网站是必需的。这个观点相当于一旦一个城市、商业或网站变大时，那么不管它是怎么做到的，它比相对小的个体更有可能继续变大。富有的人有很多途径变得更富有，一些人是应得的而其他人则不是，直到产生的统计分布结果受到关注，唯一的问题就是他们做了什么。

巴拉巴西和阿尔伯特模型完全的一般性，提供给我们一个新的方式去理解作为动力进化系统的网络结构。不管网络是人际关系网络，还是互联网、网页或者基因网络。只要系统遵守两条基本增长原则和附加条件，这个网络就是无标度的。然而像西蒙自己指出的，尽管高雅的并且有直觉吸引力的模型会产生误导，但细节才是最要紧的。

成为富人会很困难

无标度网络有个很棘手的地方就是，只有当网络无限大的时候，符合幂律分布的网络才是无标度的。在现实中，我们遇到的每个网络都是有限的。网络规模的有限性不仅给几乎所有的统计技术带来了麻烦，对于幂律分布来说，也是特别麻烦的。因为系统规模的有限性使分布形成了一个截止，具体来说，在真实网络中，没有一个节点能与其他节点都连接。所以，即使概率分布实际上是无标度的，观察到的分布一定会在某处有个截止，一般是远小于系统规模的某一点上。因此，无标度网络模型实际的度分布是分成两部分的，见图4.5，一部分是无标度的部分，在双对数图中表现为一条直线，另一部分是截止部分。

观察到的截止现象是由网络规模的有限性造成的呢，还是因为系统更基本的属性造成的？人们在进行判断时，产生了困惑。举例来说，人们拥有的朋友数目并不是被全球人口总数所限制的，全球人口数量相当庞大，比大部分人实际朋友数量的百倍千倍还要多得多。真正的限制取决于人们自身，是否有足够的时间、精力和兴趣与其他更多人交朋友。尽管马太效应适用于像万维网这样的网络，但是它是否应该以同样的方式适用于所有或是多数网络还不是很清楚。更糟糕的是，有时截止现象太严重了使得图 4.5 的分布与根本不是无标度分布的图 4.4 很难区分。

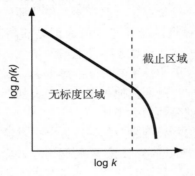

图 4.5　实际上，分布因为系统的有限规模，总是显示出一种有特殊性的截止现象，因此，观察到的度分布只在双对数坐标图上的某个范围内是一条直线。

　　无标度分布可能不像它们最初看起来那样应用广泛的证据出现在巴拉巴西和阿尔伯特的原文发表的一年以后。一个叫做路易斯·阿马拉尔（Luis Amaral）的年轻物理学家和他的一些同伴，包括约根纳·斯坦利（H. Eugene Stanley）——一位统计物理学的大人物（也是巴拉巴西的前导师）——在《国家科学研究院学报》（*Proceedings of National Academy of Sciences*）上发表了一篇论文，其中研究了一些真实网络的分布度。他们证明了，虽然其中一些网络与力量法则分布相似（即便是有限的截止），但另外一些显然不是。最惊人的是在犹他州的一个摩门教徒社区的社会网络，它看起来就是一个普通的正态分布。更多的非无标度网络的证据来自于遥远的过去，在拉博波特的论文中，研究了一个密歇根高中的朋友网络。和我与斯道格兹一样，拉博波特不是对所有分布都感兴趣，但他至少花时间证明，虽然那与随机图形的泊松分布不相似，但也不是无标度的。

世界远比巴拉巴西和阿尔伯特的简单模型要复杂得多，但是这不能影响他们的成就。无标度网络的引入是新兴的网络科学的中心思想，并且它推动了真正的讨论洪流，尤其在物理学界。物理学家进入网络科学研究，带动了数学界和计算机科学界的力量，而这种力量正是长期以来所缺乏的，因此，过去的几年成为了我们所关注的非常具有创新性和令人兴奋的时期。但是很快人们意识到仅有的这些力量并不够。就像我们原创的小世界模型遗漏了一些真实世界的特点，其他简单的网络增长理论和优先附加条件也是如此。

网络无限观点所带来的本质的局限性在于，每个事物都被认为是免费得来的。在巴拉巴西和阿尔伯特的模型中网络连接是无成本的，所以你可以拥有你能积累到的许多连接，而不必考虑得到和维持它们的困难。这种假设在互联网这样的网络中确实可以成立，但是却不适用于人类、生物甚至像电力网这样的工程学系统。信息也被认为是免费获得的，所以新的节点可以找到并连接到世界上的任何一个节点，唯一相关的因素是有多少连接是每个现存节点可以维持的。然而，实际上新来者来到一个大系统中的特殊部分时需要付出代价去学习和发现。当我们搬到一个新城市，我们不可能轻易找到那个有最多朋友的人。比起那些只有很少朋友的人，我们更可能遇到一些有很多朋友的人，但其他的因素也起着很大作用。一旦我们完成了最初的联系，我们所在的社会结构就会提供一些比别人更容易认识的人，而不管他们在很广的范围中是否容易联系。这就是我们试图在我们的小世界模型中刻画的效果，而且我们仍然确信它的重要性，但是无标度模型却没有社会结构因素。另一方面，巴拉巴西和阿尔伯特的结论使我们确信，可以用来研究随机网络的工具实在太强大，而不应该被忽略。不知道因为什么，我们需要利用数学物理学家关注社会结构问题，去突破50年前困扰拉博波特的障碍。首先，我们需要一个新的观点。

再次引入组织结构

在 2000 年 2 月 20 日，我之所以记得这一天是因为它刚好是我的生日，我和斯道格兹在华盛顿参加了一年一度的 AAAS 大会。我们组织了一个关于网络和小世界问题的历史研讨会。社会学家哈里森·怀特（Harison White）也出席了研讨会。怀特的个人经历十分有意思。他是作为一名理论物理学家开始他的学术生涯的。20世纪50年代早期，他在麻省理工学院研究固态物理学，像很多年轻的物理学家一样，他很快认识到主流物理学界尚未解决的大问题已十分明确，而且似乎每个人都很清楚这些问题是什么。成千上万像他一样聪明努力、有抱负的研究生和博士后，在世界各地的实验室里做苦工，希望可以实现下一个巨大突破。除非你恰好比所有人都聪明、努力，并且幸运地在合适的时间想到正确的思路，否则你成功的希望实在是十分渺茫。每一个年轻的物理学家都经历过这样一个过程：认识到希望渺茫。所以，这样说来，怀特是相当普通的。让他变得不同寻常的是他选择去做的事情。

在麻省理工研究生院的第一年，怀特和政治学者卡尔·德伊奇（Karl Deutsch）一起修了一门关于民族主义的课，并十分着迷。在德伊奇的鼓励下，他决定放弃物理，研究社会科学。他拥有福特基金一年的奖学金，这种资金上的优势，使他放心地回到普林斯顿大学研究生院又拿了一个博士学位，这次，是社会学领域的博士学位。但是，在某种程度上他仍然是一个物理学家。在跨学科这个词渗入大学校园并成立相应的专门机构之前的几十年里，怀特是一个典型的跨学科的科研工作者，是当代的物理学理念和技术入侵和改造社会学的一只良性木马。在20世纪70年代的哈佛大学，怀特是斯坦利·米尔格拉姆（Stanley Milgram）的同事，他甚至做过与小世界问题相关的一些工作。他还创建并经营了一个应用数学领域的项目，培养了一代最有影响力的社会学家，为现代社会网络理论做了很多初步贡献。现在，他70多岁了，让他出名的不仅是暴躁的脾气，令人费解的笔迹，更是他的大度慷慨，广泛、惊人的兴趣和惊人的洞察力。

在研讨会上，怀特保持他惯有的暧昧风格，但是，他讲了一件事情，成功地让陈旧的齿轮重新运转。他的讲话的基本意思是说，人们相互了解是因为人们所做的事情。更一般来说，是因为人们生存的环境。作为一名大学教授是一个环境，作为一名海军军官也是一种环境，频繁坐飞机出差是一种环境，教人攀登也是一种环境，生活在纽约是一种环境，所有这些我们所做的事情都是环境，所有可以定义我们的特征，所有我们所从事的使我们相遇并相互交流的活动都是环境。因此，我们所参与的环境的集合是决定我们所创建的网络结构的一个极端重要的决定因素。

受拉博波特的工作的启发，我一直在努力实现建立一个随机网络的想法。这个随机网络表现社会结构的方式不像我和斯道格兹开始研究的 α 模型那样麻烦，但是这个网路又不能像 β 模型那样依赖人工网格。问题就在于，一旦我们将网格移开，我们就不能再确定人和人之间的接近程度，因此就无法计算出他们联系起来的可能性的大小。在随机图形中，这不成问题，因为每个人得到连接的可能性相等。在巴拉巴西的无标度网络中，连接的可能性只取决于度。但是，一旦我们引入其他类型的社会或者群体结构，我们需要区分亲疏的基础知识。事实上，没有亲疏的概念，那么一个人怎样定义社会结构就是不清楚的。总之，如果没有一群人，在某种意义上，比世界上其他人跟你更亲密，那么，什么是社会群体呢？

当我听到怀特的讲话时，对这个问题我开始有点头绪。与其死盯着对距离的定义，使用距离建立群组，为什么不由群组开始，使用群组定义距离呢？想象一下，不是由人群中的个人直接相互选择，而是他们简单地选择加入数个群组，或者更一般的，参与数个环境。两个人共有的环境越多，两个人越亲密，他们建立连接的可能性越大。也就是说，社会从一块白板到开始建立连接的方式与我们之前的模型采用的方式完全不同。因为在现实的社会网络中，人们拥有社会身份。通过属于某些组织、扮演某些特定角色的方式，人们拥有了使他们更有可能或更不可能彼此连接的特征。也就是说，社会身份驱动了社会网络的建立。

这种看待网络的方法与我们之前使用的方法是截然不同的。因为它需要我们同时考虑两种不同的距离，而不是只考虑一个。当然，对于社会学家来说，这种方法是相当自然的，但是这不是物理学家和数学家的自然想法，对于他们来说一个网络节点具有一个身份是很可笑的。但是这种直觉很吸引人，我很惊讶之前我怎么没有想到。实际上，我之前想过。那是我很早对斯道格兹提出过的一个社会网络模型的一个想法，可以追忆到我们第一次开始考虑整个事情的时候。但是因为一些技术原因，我们没用利用它，放弃了它而转向概念更简单的格图模型。一些年后，那似乎仍旧是一个难题，但是在这个阶段，我和斯道格兹发现了我们新的秘密武器：马

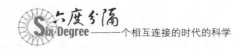

克·纽曼（Mark Newman）。

纽曼是这样一种人：他会让你思考为什么你要很努力地做一件事情。纽曼除了是一名物理学名家之外，他还在爵士钢琴上很有造诣，是一个作曲家、歌手、舞蹈指导，精通滑雪。他 30 多岁的时候已经写了四本书，在物理学和生物学期刊上表了几十篇论文，他是一名好老师，还创造了很多计算机算法。所有这些成就都是在不上夜班、周末不加班的情况下取得的。他做什么都快——难以置信地快，且不知疲倦。与纽曼一起工作就像还没看清路线就坐上特快列车，你一定会很快到达某个地方，但是整个旅途中你会一直忙于坐稳，通常在到达的时候已经筋疲力尽。这时，这辆列车已经开始写下一篇论文了。

让纽曼对我们的问题感兴趣，着实费了一番工夫，但是，幸运的是，我和他之前在圣菲研究所合作过几篇论文，论文探索了模型的几个数学属性。在我的建议下，也邀请了纽曼来康奈尔大学演讲，斯道格兹和纽曼之前就有过密切接触，所以，就有了三个人合作的想法。那时候是 2000 年初，当时的主要困难是我住在马萨诸塞州的剑桥镇。我是在前一年秋天搬到那里和安德烈·罗（Andrew lo）合作的。罗是一名麻省理工学院斯隆管理学院的金融经济学家，也是斯道格兹的一个老朋友，他们曾一起在哈佛大学读过研究生。这时，纽曼返回了圣塔菲，而斯道格兹还在伊萨卡，所以，我们只能通过电子邮件来交流，事实证明，这种交流方式并不怎么有效。最后，我们找了一个五月的长长的周末聚在伊萨卡，讨论一个新项目。有一件事斯道格兹忘了说，我们选的那个周末是康奈尔大学的毕业典礼周末，那时候，整个校园，大半个城镇都淹没在了汹涌而来的父母、兄弟、姐妹、表亲、姑姑、阿姨组成的人潮中，还夹杂着一些极度兴奋的学生。我们窝在斯道格兹的家中，完成了很多重要的工作。或者说，纽曼做完了很多重要的工作，而我和斯道格兹敬佩地坐在一边看着机器高速运转。

隶属关系网络

让我们把距离的概念作为群体结构的一个函数来关注的技术技巧，是在隶属关系网络中表达群体结构。在第三章中的演员网络中，如果两名演员参演了同一部电影，就认为这两名演员之间建立了连接。与此类似，在隶属网络中，如果两个节点都是同一个群组中的成员，或者，用怀特的术语来说，有相同的环境，那么就说，这两个节点相连接。这样，隶属网络就变成了一个基础，在此之上建立起社会连接的真实网络。没有隶属关系，两个人连接起来的可能性是微乎其微的。隶属连接越多，每个隶属连接越强，两个人就越有可能成为朋友、熟人、商业伙伴，建立起什么关系取决于一同参与的环境的性质。但是，在我们开始研究由隶属网络建立起社会网络这个问题之前，我们首先要了解隶属网络本身的结构，这就是我和斯道格兹、纽曼在伊萨卡的那个周末选择研究的问题。

隶属关系网络本身就是一类很重要的、需要研究的社会网络，不仅因为隶属关系是其他社会关系如朋友关系或商业关系的基础，而且因为由此产生了很多在经济学意义和社会学意义上很有意思的非社会网络的应用。例如，你去亚马逊网站购买一本书，网站会在你选的书下面列一个名单："买过这本书的人还买了……"这就是一个隶属关系网络。它包含两方面，一方面是人，另一方面是书。通过买书，人们与买过同一本书的人建立了连接，实际上，是选择加入了一个新的群体。电影演员的网络也是一个隶属网络，包含两个方面，一个是电影演员，另一个是电影。如果两个演员参演了同一部电影，就认为他们之间有连接。

研究隶属关系网络的另一个原因是我们拥有的数据一般是优质的。因为，在一些环境中，像俱乐部成员关系、参与商业活动、合作完成项目如电影或科学论文这样的环境中，每个人属于哪个群体是十分明确的。最近，很多这样的电子数据以在线数据库的形式变得可以为我们所用。所以，即使很大的网络也可以快速建立和分析。更好的是，有些案例，比如说，亚马逊网站的案例以及后面我们会讨论的一些合作网络的案例，在这些案例中，数据是自动记录的，由实际参与人自己记录，在他们决定购买哪本书的时候，在他们提交科学论文的时候，数据被实时记录下来。这样，数据的录入工作分给了网络自身的每个参与人去做，而不是集中由数据管理人员来做，这种方式实际上消除了数据录入过程中最大的制约，因此，数据库基本上可以不受制约地发展壮大。与十年前相比，在数据收集和记录方法上，已经取得巨大的进步了。

因为隶属网络总是包含两类节点，我们称之为参与者和群组，所以，隶属网络最好的表达方式是 bipartite，或称之为双模式网络。如图 4.6 中中间的图像所示，在双模式网络中，两类节点分别表示，只有不同类的节点可以相互连接，这种连接可以理解为属于或选择的关系。因此，参与人只与群组连接，群组只与参与者连接。单模式网络，比如我们之前研究过的网络，都有一个度分布描述网络特征；双模式网络需要两个这样的分布：群组大小（每个群组有多少参与人）的分布和每个人参与多少群组的分布。

集群锁定网络

群组

参与者

双模式网络

演员隶属网络

图 4.6 关联网络作为双模式网络（中间）被最好地诠释，其中参与者和群组是明显不同类型的节点。双模式网络可以被设计成为一个两种节点的网络，表示参与者（底部）之间及群组之间的互锁（顶部）。

双模式网络十分与众不同，通过把它分为两类节点，双模式网络总是可以表示成两个单模式网络，一个由参与者组成，另一个由群组组成，如图 4.6 所示。所得的参与者的网络是我们所熟悉的——如果两个参与者至少有一个共同的群组，那么两个参与人就联系在一起。但是，两个群体也可以通过共同的成员联系起来，如果两个群组共有至少一个成员，我们就说两个群组重叠或者连扣。这种投影技巧的结果就是，从原理上来说，一个双模式网络包含了与参与者隶属网络和群组连扣网络相关的所有信息，如图4.6顶部和底部所示。我和斯道格兹、纽曼想做的就是从双模式网络表达方式的角度弄明白单模式网络。做这件事情的原因，要回到怀特在AAAS研讨会上所做的讨论。单模式网络是一个可能在可测量的网络数据中实际观察到的关系的展现，就像网络分析通常收集的数据———一个有效的谁认识谁的列表。但是这种类型的网络数据不能告诉我们这种关系从何而来。

就像我们在第2章中讨论的，传统网络分析试图通过设计从单独的网络结构中提取集合结构的技术来避免这个问题。根据图4.6，这就等于从一个人对参与者关联网络（底部）的认识中重新创建单独的集合互锁网络（顶端）；也就是说在不知道双向图形中间的情况下。但是就像你也能从图4.6中看到的那样，即使对于一个相对小的双向网络，集合投影（顶端）也不比参与者投影（底部）更简单。所以不仅是两个网络之间的关系在不知道它们是怎么来的时候很难提取，并且这样的行为如何阐明事物也不是特别清楚。以一个明确的社会结构的表示开始——也就是完全双向表示——我们希望同时理解关联和互锁网络的结构。

首长和科学家

大约在我们三个人聚在伊萨卡时，我收到了杰瑞·戴维斯（Jerry Davis）的邮件。戴维斯是密歇根大学商学院的一名教授，他来信请求我对他和他的合作人怀恩·贝克尔（Wayne Baker）正在研究的一些网络数据进行计算机方面的协助。许多年来，戴维斯都对美国公司的社会结构十分感兴趣，尤其是董事会的连扣结构。这不是一个普通的社会网络。美国财富1 000强的公司总共有大约8 000名董事，这群少数人和他们的执行官一起，在决定国家经济前景和在较小程度上决定世界经济前景方面起着关键作用。但是，因为他们中的大部分人都只对自己的股东尽义务（如果真的尽义务就好了！），最大化公司的财产并不一定是为了大众、环境或政府的利益，一个重要的问题就是，商业世界中的众多企业能否合作，这与之前假设的商业竞争的原则是背道而驰的。

以前经济学家们很少考虑这个问题，因为他们一般假定市场可以管理公司之间的相互作用。但是像戴维斯这样的社会学家对此思考了很多。有的人同时参与两个不同公司的董事会，他们会很自然地在两个公司之间开辟一条信息通道，有可能把两个公司的利益调整一致。当然，有加入董事会的规则，比如说，一个人不能同时加入几个存在直接竞争关系的公司，但是，共同的利益通常可以狡猾地避开规则的追踪。而且，企业合作也并不总是一件坏事。如果美国的企业整体需要灵敏有效地应对快速变化的全球经济环境，那么，企业管理人员之间的深入相互交流要比商业文件有帮助得多。

当然，公司执行官和董事有多种交流讨论会，有正式的，也有非正式的，会议室会议就是其中之一。但是，因为会议室是公司战略的巨大变革构思产生和得到认可的地方，会议室似乎是一个很明显的研究环境。另外，这不像 CEO 们在高尔夫课上的随意交流或在烧烤午餐时的交谈，公司董事会的成员名单是公众可以获得的数据，因此，可以对其进行分析。戴维斯和贝克尔想知道董事会网络是不是小世界，因为这个网络是高度聚集的，任何两个董事通过几个媒介就可以连接起来。验证这个网络是小世界没有花费很多时间，在我们的小世界网络名单中又添加了一个。这个结果并没有让我们感到吃惊，我询问戴维斯是否介意我们对这些数据做详细分析，他十分慷慨地答应了。

与此同时，纽曼在独立地做一些事情。在 20 世纪 90 年代中期，保尔·金斯伯格和杰佛瑞·韦斯特（Paul Ginsparg 和 Geoffrey West），两个来自洛斯阿拉莫斯国家实验室的物理学家创建了一个在线的、跨越物理学多个分支的、预发表的科学论文电子存储库，制造了一次小小的革命。物理学社区就像所有对传统以杂志为基础的出版过程感到沮丧并渴望抓住下一个浪潮的人一样，打开了新的出路，就是大家所知的 LANL e－print 储存库。这个存储库提供了至少两个功能，使它成为一个创新的科学制度。第一，它为研究人员提供了一个实用的实时发布选项，只需研究人员把论文上传到存储库的服务器上。第二，它为研究圈子中的人提供了一个获取其他人作品的快速通道。因此，大大加快了构想和创新的循环过程。这个几乎不受任何制约的发表论文的能力，对科学进步来讲，是不是好事还需我们拭目以待。但是，很明显，大多数物理学家至少在他们下载和上传论文的热情没有消失之前都认为这是好事。

这个文档也成为一个科学调查的对象，成为一个科学家之间合作的网络。在它建立的五年内，大约有 10 万论文被 5 万多的作者贴在了文档上。显然这个数字只是物理学家人数总和和他们所有的论文数的一小部分，但是它们已经足够重要了，可以代表至少同时代的学科社会结构。通过金斯伯格，纽曼已经设法获得论文和作者的整个数据库，从中他可以重新将相应的合作网络构建成一个双向图形。

纽曼做事从不马虎，他也已经设法开始研究一些更让人印象深刻的数据了，这就是生物医学研究人员和论文的联机医学文献分析和检索系统的数据库，它比 e-print 文档用了更加长的时间并且包含了超过 200 万篇论文和 150 万个作者。这个数字显然超出了社会网络分析的图表（戴维斯的数据量非常大，达数千条）。纽曼不但不得不使用这个巨大的、刚被安装到圣塔菲学院的新英特尔系列进行计算，而且他还改进了标准网络算法以便于这台机器在今后的数年里不至于被淘汰。这样似乎还不够，纽曼还从高能物理和计算机科学社区弄到了两个小一点的数据库（但是按照社会网络的标准来看还是很大的）。

从经济学的角度看，一个科学合作者的网络并不像一个合作主管网络那样明显重要，但是从一个更长时间范围的角度来看，科学社区创新、赞同的能力对于新知识的研究成果和它向技术和政策的转变有深远的意义。因为合作的社会结构是科学家了解新技术、构想新观点、解决他们自己无法独立解决的问题的一个机制，于是科学机构的健康运转就变得至关重要了。特别是，人们希望科学家合作网络可以被连接成一个庞大的社区，而不是作为很多独立的子社区存在。

所以，到我们五月在伊萨卡岛碰面的那个周末为止，我们不仅有一些关于关联网络的理论想法，还有关于我们的模型可以解释哪种实际现象的很好的构思。例如，合作网络一个最吸引人的特点是每个网络中的大多数作者确实在一个单一的部分中被连接。在这个部分中，所有工作的科学家都可以通过一个合作者的短链（典型的是 4 或 5 个步骤）互相连接。这个发现并不令我们震惊，因为我们已经在电影演员的网络中观察到了这一属性。尽管如此，还记得吗？纽曼的一些数据库在短短五年中被创建，并且已经包括了 1 万多名作者，所以科学家（想要被相当仔细的关注的人）获得连接的路径没有演员长。而且，在所有研究结果中，作者间的典型路径长度为 3，远小于电影类的平均路径长度（大约为 6）。

尽管如此，随机图论可以比较容易地解释这个现象。在随机图中，就像第 3 章的 α 模型，不可能有两个大小大致相等又互不连接的大块成分。原因就是如果这样的两个成分真的存在，一个成分的成员在随机情况下，将不可避免地连接到另一个成分中的一个成员，这样的话它们就不再是分离的了。令人吃惊的可能是这个结果即使在规律的特殊化力量趋向于分离社区的非随机网络中看起来也成立。但是通过 α 模型我们可以看到，即使是最小数量的随机也能获得成功。高连接性和较短的全局路径长度，很好地证实了一个随机网络模型的基本特点。

复 杂 化

尽管如此，更进一步的研究数据很快揭示出一些看起来根本不像一个随机网络的特性。首先，合作网络在小世界网络中大家所熟悉的模式下，是高度聚集的。其次，每个作者所写论文数目以及完成这些论文的合作者的数目的分布，看起来更像是巴拉巴西和阿尔伯特的幂律分布，而不是随机图特有的具有陡峭峰值的泊松分布。

当我们开始研究戴维斯关于董事会网络的数据时，事情就变得更加复杂了。在整个网络中的每个人，不仅仅是他们中的一大部分，都被连接了，而对应的分布度既不是无界网络也不是普通的随机网络。担当前 1 000 强企业的董事并不容易，因而大多数董事（实际上将近 80%）只属于一个董事会。所以它的分布成指数下降的速度比幂律分布快，而比泊松分布和正态分布慢。顺便提一下，网络中连接最多的董事不是别人，正是弗农·约当（Vernon Jordan），他是前总统克林顿（Bill Clinton）最好的朋友，他在莱温斯基丑闻中声名狼藉（他想给她安排一份工作的 Revlon 公司，正是他担任董事的九个公司之一），同时，合作董事们的分布在一

个董事会中，即每一个董事具有同事数目的分布，也很不可思议。如从图
4.7 中看到的，它有两个分离的峰值而不是一个，有一个似乎不会平稳消
失的长尾。所有统计资料都找不到适合这种粗乱延伸的标准分布。那么，
这是一种什么网络呢？是否能够通过一种可以解释合作网络结构的理论来
理解这种分布呢？

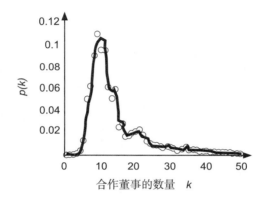

图 4.7　从戴维斯的董事会数据中得到的合作董事分布。圆圈代表真实数
　　　　据，而曲线表示理论上的预测值。

　　像先前提到的，关键问题是要按照图 4.6 那样的完全双向网络来建立
关联网络模型，也就是说，把成员和集群作为不同类型节点分离开，只允
许不同类型的节点之间进行连接。从双模式版本的属性，我们可以计算出
相应的单模式投影（图 4.6 中的上下两图）的期望属性。然而，要超越这
些仅有的描述，我们不得不做一些假设，这对于进行简化是很有意义的。
把双向网络中的两个分布（所有集群相对于参与者以及所有参与者相对于
集群）作为已知值，我们可以假设参与者和集群之间的配对或多或少是以
随机的方式发生的。很明显，真实世界中并非如此，我们通常是经过计划
或是深思熟虑才加入某个群体的。但是像我们以前经常在模型中做的，我
们希望个体参与者的决定是有效复杂并且不可预测的，这样就不可能从简
单的随机中将他们区分开来。

　　运用强大的数学工具来研究随机分布的属性，纽曼、斯道格兹和我发

现随机单模式网络（埃铎斯和瑞依以前研究过的，不是很正式的）的大多数典型属性会很自然地延伸到双模式版本。我们在科学的合作网络中发现的属性，例如短路径长度和巨大组分的存在，都是在假设组员是随机选择集群的直接方式下得到的。更有趣而且远远超出我们预料的是，我们的模型也解释了戴维斯数据的奇异分布（如图 4.7，数据和理论之间是如此紧密，太神奇了）和它几乎所有的聚群。

但是，起初我们并没有说明随机网络不包括任何聚群，不是吗？当然是，但这就是使关联网络的双向表示如此有用的东西。因为根据定义，一个集合里的每个参与者都与这个集合中的其他参与者有关联，在这个双向网络的单模式映射中，每个集群都被表示为一个完全关联的参与者的小圈子。关联网络（像图 4.6 中的下图）因此就是互相重叠的小圈子的网络，通过多个集合中的个体关系互相锁定。因为这个特征是网络表示的一个属性，并且不在所有特殊匹配的程序中，所以它确实与个体和集群如何匹配无关。即使是一个随机双向网络——一个没有特殊结构组成的网络——也将被高度集群。另一方面，随机使网络保持高连接性，并显示较短的全局路径长度。换句话说，随机关联网络总是一个小世界网络！

这是一个特别鼓舞人心的结果，不是因为我们需要另一个生成小世界网络的方法（那是很容易的），而是因为小世界的属性以这样一个自然的方式产生。只是通过用一种看起来在社会学上似是而非的方法表示这个问题——实际上是假设人们通过参与组织和活动互相认识——我们可以产生真实社会网络的很多属性。不奇怪的是，我们的模型还包含了很多简化的假设，最重要的是参与者随机选择集合。但是这些缺点是不可以纠正的；它们实际上说明了结论有多么坚固。如果参与者选择集合的最简单机制至少可以产生似是而非的网络结构，那么基本方法看起来就是正确的。

尽管如此，还有很多事情需要去做，并且动力看起来又一次成为关键。人们可能会因为他们做了什么而认识了他们现在认识的人，但是人们也因为他们认识的人而尝试新的事物。你的朋友可能会邀请你参加派对，或是拽着你去参加他喜欢的活动。你的同事使你涉及新的项目或是建议你联系可能对你有帮助的人。老板在公司内外为你提供新的机会。换句话说，通过现在的社会关系你经常获得信息拓宽你的视野，也因此改变了你的社会结构，你就会移动并产生你的下一个熟人圈。双向方法的真正力量是所有这些过程——网络的动力学——可以在一个框架中被简单明确地表示出来，这个框架可以追踪社会结构和网络结构的进化，并且无止境地将一个折叠到另一个中去，这构成了社会过程的核心。

但是所有这些意味着什么呢？即使我们明白了人们如何在社会结构外停止创建一个网络结构（反之亦然），一旦有了它，他们能做什么呢？通过限制人们可以得到的信息并且通过将人们暴露在他们能力控制之外的影响中，网络可以对位于它之中的人们产生什么作用呢？就像我们在第1章中所提到的，这个问题的答案很大程度上依赖于行动或影响的类别——网络中的动力学——这是很有趣的。因此，不同类型的网络动力学必须以不同的方式来探究，有时候会将我们引入网络本身的新视角。为了掌握这个问题，我们需要再一次回到米尔格拉姆的小世界问题上去，它显示了超出人们想象的微妙。

第
章

在网络中搜索

米尔格拉姆（Stanley Milgram）实际上是一个大部分职业生涯都充满相当大争议的人物，是 20 世纪一位伟大的社会心理学家。米尔格拉姆在一个实验的设计中显示了他的天赋。这个实验是为了测量个人思维与社会环境之间的神秘关系。这些实验的结果通常都很令人惊讶，但这些结果有时也令人不安和不受欢迎。在他一项最有名的实验中，米尔格拉姆把一群纽海文（New Haven）社区的人员带入他在耶鲁大学的实验室，表面上看起来像是参加一个有关人类学习的研究。当参与者到达以后，每个参加者都被介绍给这个实验的一些假设对象，同时参与者被要求向这些假设的对象宣读一系列的文字并让其重复，如果这个假设的对象犯一个错误，他就会受到一次电击作为惩罚，这个惩罚由参与者来执行。如果出现连续的错误，那就要受到一个升高电压的电击，最后直到电压升至一个有害甚至致命的水平。同时，这个假定的对象会发出呻吟、呼喊、祈求。那些对于要求他们对其他人所做的行为提出拒绝和反抗的参与者，将会被一个严厉的、穿着白大褂的、手持笔记板的监督者督促，去继续。重要的是，这些参与者从来没有被强迫去做任何事情，也没有被威胁报复。如果，任何时候他们拒绝继续进行实验，这个实验就会终止，也不会有任何后果。

当然，这个实验只是一场表演。并没有真正的电击，那些假设对象也只是演员。我们真正的目的是要看看，当他们认为自己必须服从命令的时候，这些有着自由意志的个体将会对其他人（假设对象）做什么。参与者最终都知道了这些真相，但是在实验进行的过程中他们会认为这些都是真的，结果导致他们的行为都十分令人不安。在测试的一种情况中，参与者是有仪器辅助的，但是电击本身是通过一个媒介传递的，其中 40 名参与者中的 37 人将电压升到了致命的水平。这个结果使得米尔格拉姆得出了一个令人心寒的结论：在实施暴行的时候，官僚结构有效地把个人同他们行为的最终结果隔离开来。在另一种情况下，参与者被要求在电击的时候将（假设）对象的双手按在一个电击板上！甚至是今天，阅读《服从权威》也是非常困难的，米尔格拉姆关于这项工作的优雅记录，并没有为一个偶尔的战栗而打断或暂停。但是在 20 世纪 50 年代战后美国意识形态的背景下，米尔格拉姆的发现挑战了信仰，这个实验也变成了对于国家暴行关注的焦点。

尽管存在着很大的争议，但是这个实验还是使得米尔格拉姆进入了那些知识分子的名流圈子。这些人的工作被相当广泛地记载和引用，并且通常被描述成已经深深扎根于文化本身。我们仍然为米尔格拉姆的实验结果所震惊，我们并没有质疑其真实性，甚至于他的实验也从来没有被人重复过（事实上，在今天的人类实验对象的规则下，他们也不能再这样做）。而且我们通常也没有去质疑他有关小世界问题的研究（第一章），即使我们一直发现他的结果十分有趣而且令人惊讶。每个人都听说过"六度分隔"，但是大多数人并不知道这个词的来源，也极少有人仔细查看米尔格拉姆的惊人结论，甚至对于那些引用米尔格拉姆的原始论文的研究者，那些你认为可能会十分仔细查看这些论文的人，往往也只是在表面上接受他的结论。

在这种行为中关于科学有个很微妙的要点。一方面，科学项目的强度都存在于它的可积累性上。科学家会遇到一些特定的问题，在他们接受了一定量的知识之后，通过这些知识他们期望得到某种结论，而不是质疑他们所使用的每种方法、假设或者一些因素的有效性。如果我们每一个人都试着去依照第一哲学原则（笛卡儿语）去研究所有的东西，或者坚持以相同的详细程度去弄懂难题中的每一部分，那么没有人可以有所进步。因此在一定程度上，我们不得不接受那些无论如何已经被相关组织公认的，被仔细地、正确地研究过的，可以信任的知识。

另一方面，科学家同任何人类的其他专家一样，总是被更多的因素驱动着，而不仅仅是单纯为了寻找科学真理。科学家也会犯错误，会误解他们的结果，或者被其他人误解，部分原因可能是因为人性的弱点，部分原因可能是因为真理本身就是十分难以识别的。认识到发生这些错误的必然性，系统本身设计了一整套机制，像论证、同行审查、学术会议和研讨会以及发表一些有异议的论文，来过滤出其中许多的杂质和错误。但是这个过程本身是十分不完善的，并且有时我们会惊讶地发现，我们长久以来认同的一部分知识是相当值得怀疑甚至是错误的。

米尔格拉姆究竟向我们展示了什么

心理学家朱迪·克雷菲尔德（Judith Kleinfeld）在向她的本科生讲授心理学课程的时候，偶然碰到了一个在现在看来是一个关于这种错误信仰的经典例子。她当时正在仔细推敲，考虑设计一个她的学生需要亲身参与的实验，这个实验将会让她的学生对他们在课程中学到的东西在他们教室外的生活中的适用性有所感观，形成概念。米尔格拉姆的小世界实验看起来是个不错的备选方案，并且克雷菲尔德决定让她的学生以 21 世纪的方式（用 EMAIL 代替纸质的书信）去重新完成这个实验。后来的实践证明，她实际上完全没有办法去实现这件事情。在准备这个实验本身的过程中，克雷菲尔德从阅读米尔格拉姆的论文开始，而不是去为她的实验建立一个坚实的基础。然而，米尔格拉姆的结果——仔细检查后——看起来仅仅会引起关于他自己的一些令人不安的问题。

回忆一下，米尔格拉姆通过大概 300 个人开始他的链条，这些人试着将他们的信发往位于波士顿的一个单一的目标。每个人都说这个故事里面的 300 个人是住在奥马哈，但是仔细查看会发现其中有 100 人其实就居住在波士顿！在另外一个实验中，几乎有 200 人来自内布拉斯加，只有二分之一的人是随机选取的（从米尔格拉姆买来的一份邮件列表中选取的），另外一半则全是蓝筹股投资者，当然目标也是一个股票经纪人。有名的"六度"，其实正是介于这三个群体之间的一个平均值。也许你会猜想他们之间的这个度的值是不是有些太大，随着这些波士顿本地人和股票投资者成功地完成这个链条的传递，事实证明，他们之间的度的值确实要小于那个随机的内布拉斯加样本。

我们会记得，关于小世界这个惊人发现的另一个要求是：任何人可以联系到任何人——不仅仅是住在同一个城镇的人或者是有着很相似兴趣的人，而是任何地方的任何人。因此实际上真正满足通常阐述的假设前提的（甚至是米尔格拉姆本人也提出这样的假设）唯一人群，甚至是足够遥远的，就只是从内布拉斯加的邮件列表里面选择出来的那 96 个人组成的群体。从这点上来说，这个人数开始让人感觉很小：在这个群体发出的 96 封邮件中，仅仅有 18 封最后到达了目标。18！这也正是所有质疑的来源。怎么会有人从仅仅 18 条指向单一目标的链条就推断出一个全世界适用的、包罗万象的，并且我们开始试图去解释的准则？而我们其余的这些人怎么可以顺应（习惯）这个准则，而不是从一开始就严肃地去看待或者挑战这个似乎很有道理的说法呢？

带着这些问题带来的困扰，克雷菲尔德开始研究米尔格拉姆以及其他作者随后的一些研究论文，她在经验主义结论和他们随后的解释之间找到的缺口，在其他地方也得到了支持。她再一次惊讶地发现，事实并不是这样甚至是完全相反的。尽管米尔格拉姆以及他的合作研究者们确实进行了其他实验——其中最有名的是在洛杉矶的一群白人和纽约的一群黑人目标群体间的一个实验——这些实验同最开始的实验一样受到了许多的限制，有很多的不足。更为令人惊讶的是，仅仅有少数的其他研究人员曾经试图去重复米尔格拉姆的实验，而他们的结果比起米尔格拉姆的结果，往往更加缺乏说服力。例如，其中的一个实验是在美国中西部的同一所大学里将发信者与接收目标联系起来——这根本不能算是对于一个全球性准则的检验！

不断地被她的发现所困扰，克雷菲尔德继续在耶鲁大学的档案中寻找，挖掘米尔格拉姆那些原稿和没有发表的手稿，她相信她自己一定是漏掉了一些东西。事实上也如此。她发现米尔格拉姆在进行 Omaha 实验的同时，还做了另外一个实验，这个实验从 Wichita 和 Kansa 开始，以一个哈佛神学院学生的妻子为目标。在米尔格拉姆发表在《今日心理学》的第一篇论文中他并没有提及这个实验，因为这个实验中产生的链条是他所测量过的最短的：第一封信到达目标只用了四天并且只通过了两个中间人媒介。同时米尔格拉姆在那篇论文或者其他论文中没有提到的是这第一封信是 60 封信中到达的 3 封的其中一封。克雷菲尔德也发现了另外两个随后的实验的报告：这些实验中的链条完成率非常低，没有什么结果可以得出来。克雷菲尔德最终得出结论：通常展现在我们面前的小世界现象完全没有可信的经验主义的基础。

就在这本书出版的时候，我们仍在考虑到目前为止到底哪个实验是规模最大的小世界实验，解决这个问题成为一个难以实现的奢望。通过使用电子邮件代替书信，并且通过一个集中的站点调节信息，我们可以控制发送者的数量和数据，这是米尔格拉姆只有做梦才可以实现的。现在，我们可以在 150 多个国家选择 5 万条消息链发信，在美国、欧洲、南美洲、亚洲和太平洋地区寻找 18 个目标。从伊萨卡的一个学院教授（你永远也猜不到是谁）到爱沙尼亚的一个档案检查员（管理员）；从西澳大利亚的一个警察到奥马哈的一个店员，我们的目标贯穿互联网用户（全球散布着的 5 亿人群）的所有领域。同时我们的发信者通过可以出现在全世界的关于这个实验的媒体报道来招募，现在每天都有数以百计的人联系我们。

虽然这个实验听起来规模十分庞大，但是 5 亿人群仍然不包括全世界。并且可以肯定的是，那些可以使用电脑（并且有足够的空余时间使用电脑）的人只能代表全球社会的一个相对狭窄的截面。我们还应该清楚的是，即使是如此庞大的实验的结果也不是普遍适用的。更近一步，这个实验本身也有一个很大的问题——冷淡，这个问题米尔格拉姆曾经也经历过，只是程度不同。今天比起 20 世纪 60 年代，人们收到大量的垃圾邮件，特别是电子邮件，因此人们通常不是很情愿参加这个实验，或者仅仅是因为很忙，即使是当朋友要求做这件事的时候也是如此。结果是完成率很低——所有的链条中只有低于1％的邮件最终到达目标（想想米尔格拉姆的实验完成率达到了20％！）。因此尽管我们对实验抱有很高的期望，但是目前仍然没有定论，并且当结果被完整分析后，仍然还会是如此。接下来也许真实的结论就是，关于小世界现象证明的经验性解决方案是个令人难以置信的难题。

六这个数字是大还是小？

这些情况把我们逼到了什么境地？我们毕竟已经花了很长时间去理解小世界现象。然而，我们现在还没有开始质疑它吗？也不完全是这样。在我们为网络模型定义的小世界现象和米尔格拉姆调查研究的小世界之间存在一个很重要的不同之处，现在我们还在掩饰这一点。记得我们原来研究这个问题的动力之一就是经验性证明的困难性，因此经验性证据的不足本身，对于我们的实验结果并没有造成很大的困难。真正的问题是被一条短路径连接在一起的两个人之间有很大的不同（所有的小世界网络模型都是这样说明的），而且他们有能力去发现这点。回忆一下米尔格拉姆的实验，发信者应该把信发给他们认为比起自己来与目标最接近的人。但是他们没有尝试去做的，是给他们认识的所有人发送一封信。然而那是一种精确的计算。

斯道格兹和我在我们完成的数值实验中已经进行了计算，并且它在我们的计算结果中也隐含了最短路径长度。因此对于我们来说，我们现在生活在一个小世界中是完全可能的，从第3、4章的小世界网络模型的意义上说，米尔格拉姆发现的真实性仍然值得怀疑。

另一个表现出我们关于小世界实验与米尔格拉姆实验不同的方式，是广播寻找和直接寻找这两种方式的对比。在广播模型中，你告诉你认识的每一个人，他们也告诉他们认识的每一个人，等等，直到消息到达目标。按照这样的规则，如果这里只有一条短路径连接源头和目标，其中的一条消息一定能找到它。不好的一面是这样的网络中完全充满了消息，每一个单独的角落和缝隙都被作为一个潜在的通往目的地的路径。这听起来不是很让人高兴，事实上也是如此。实际上，这正像一些很麻烦的电脑病毒的

运行原理一样，在第六章中我们将进一步说明。

直接搜索比起广播搜索是一种更加精细的处理方式，并且显示出不同的优点和缺点。在像米尔格拉姆实验这样的直接搜索中，每一次只有一个信息可以被传递，因此假如说两个随机个体之间的一条路径的长度是 6 步，那么只有 6 个人可以收到这个消息。如果米尔格拉姆的实验对象采用广播搜索的方式，给他们认识的每一个人都发送信息，那么这些信息就可以被整个群体或社区中的每一个人接收到——大概每次有 200 万人——只是为了到达一个单个目标！尽管原则上来讲广播的方式能够寻找到一条到达目标的最短路径，但在实际中这似乎是不可行的。在要求只有 6 个人参与的情况下，直接搜索这种方法避免了系统的过载，但是寻找短路径的任务，又使得需要更多的人参与进来。虽然理论上来讲，你自己与世界上任何一个人之间的距离只有"六度"，但是世界上仍然有 60 亿的人，至少有许多路径是指向他们的。面对着令人难以置信的复杂的迷宫，我们应该如何去找到我们想要的那条短路径呢？这是困难的——至少对于你自己来讲是这样的。

早在凯文·贝肯游戏出现之前，数学家们常常和埃铎斯玩一个类似的游戏。埃铎斯不仅仅是一个伟大的（并且是相当多产的）数学家，而且是数学领域的一位名人，他被认为是数学世界的中心，很像游戏中贝肯在全世界演员中的地位。所以，如果你和埃铎斯合作发表过论文，那么你就有值为 1 的埃铎斯号码，如果你没有和埃铎斯合作发表过论文，但是和你合作发表论文的人和埃铎斯合作发表过论文，那么你就有值为 2 的埃铎斯号码，可以依此类推。所以，问题就变成：你的埃铎斯号码是多少？并且这个游戏的目的就是要尽可能有最小的数值。

当然，如果你的埃铎斯号码是 1，这个问题就不重要了。如果你的埃铎斯号码是 2，这也不是很糟糕。埃铎斯是个很有名的人，因此只要是和他有过合作的人都是会提到他的。但是当你的埃铎斯号码大于 2 的时候，这个问题就变得困难了，因为即使你很了解你的合作者，但是通常你也不会知道他们合作过的所有人。如果你花点时间在这个上面并且你没有很多的合作者，那么你可能能够写下一张关于他们其他合作者的合理而完整的名单，仅仅是通过查找他们的论文或者询问他们。但是一些科学家已经写了 40 多年甚至更久的论文，也许在那段时间里已经积累了几打的合作者，其中的一些人他们可能已经回忆不起来了。这听起来已经很困难了，但是问题会变得更糟——在下一步，你基本上已经迷失了。试想一下你要试着写一个列表，所包含的不仅仅是你所有的合作者和你所有合作者他们的合作者，还有所有人的合作者！你甚至不知道这些人中的大多数，可能你根本没有听说过他们，因此你怎么可能知道和他们一起工作的人？你基本上是不可能做到的。

在这里我们所要尝试去做的是有效地在一个合作网络中进行一个广播搜索，在实际中我们再次发现这几乎是不可能的。因此（现在）每个人最后实际做的都是一个直接搜索。你挑选出一个合作者，他的工作你认为是和埃铎斯最相似的，然后你从这个人的合作者中选出你认为同埃铎斯最接近的人，依此类推。这里的问题是，除非你是埃铎斯工作的某个特殊领域的专家，否则你不可能知道哪个合作者才是你最好的选择。在这种情况下，你可能在开始的时候就猜错，然后卡在一条死胡同里而结束。或者也许你开始的时候猜对了，但是随后的某一个猜测错了。或者也许你选择了一条正确的路径，但是没走多远你就放弃了。你如何知道这个搜索进行得怎么样？

对于这个问题看起来并没有一个简单的答案，最基本的困难是你试图去解决一个全球性的问题——寻找一条短路径——仅仅是通过使用这个网络的一部分信息。你知道你的合作者是谁，你也许知道一些他们的合作者，但是超出了这个之外你就要处理一个陌生人组成的世界。结果是，想知道如此多的路径中哪条是通过最少的步数引导你到达埃铎斯的路径就不可能了。在分隔的每一个维度下，你需要做个新的决策，并且没有一个清晰的标准去评价你的选择。就像某个住在曼哈顿的人可能向东开车去拉瓜地机场（纽约的一个机场），目的是为了乘坐一班到西海岸的飞机，最理想的网络路径的选择可能最初就让你看起来走向错误的方向。但是不像开车去机场那样，在你的头脑中并没有一个完整的路线图，因此把向东开车和向西飞行等同起来并不是一个好主意。

因此，6 实际上并不是像开始听起来那么小，6 可以是一个很大的数值。实际上，当使用直接搜索的时候，任何一个大于 2 的数值都很大，就像当斯道格兹被一个记者问道他的埃铎斯号码是多少的时候所发现的那样。最后他算出是 4，但是他在这个过程中花费了两整天的时间（我记得我当时想让他去做一些其他事情，他由于过于担心都没有说话）。如果这听起来仅仅像是另外一种让数学家避免去做一项实际工作的方法，那么直接搜索也有着非常不好的一面。在一个 P to P 的网络中通过搜索浏览网页上的链接去定位一个数据文件，我们通常会发现我们其实在通过提出一系列直接的疑问来搜索信息，这样常常会导致一个使司机崩溃的结果，或者怀疑我们是不是可以走一条更短的路径。就像我们将要在第九章看到的，在发生危机或者快速变化的时候，当问题需要尽快解决并且没有人对需要什么物品和谁拥有这样的物品有清楚的想法时，寻找通向正确信息的最短路径变得相当的重要。并且在我们发现原始的小世界问题的时候，我们也发现一个简单的理论有时可以告诉我们关于复杂世界的很多东西，这也许是我们通过直接观察这个世界本身永远无法猜到的。

小世界里的搜索问题

这次，一个名叫琼·克莱因伯格（Jon Kleinberg）的年轻计算机科学家有了关键性突破，他曾就读卡耐基大学和麻省理工学院，并在旧金山附近的 IBM 阿马丹研究中心工作过几年，然后又回到卡耐基大学做了一名教授。克莱因伯格提出这样一个问题：网络中的个体如何真正找到这样的路径？这与我和斯道格兹已经做过的——仅仅关注短路径的存在性——不同，尽管和无标度网络一样，是个很自然的问题。他的动力同样来自于米尔格拉姆（我们暂时把克雷菲尔德的疑虑放在一边）。我们清楚的是米尔格拉姆的一些实验对象确实把他们的信件发给了那些想要发给的目标，他们是如何成功做到这一点的对于克莱因伯格来说并不重要（克雷菲尔德也并不明白他们是如何成功做到这一点的）。毕竟，米尔格拉姆的这些发信人在这个非常巨大的网络中基本上想要采用一种直接搜索的方式，对于这个网络他们知道的信息很少——甚至比一个数学家计算他的埃铎斯号码时知道的还要少。

克莱因伯格所做的第一件事情就是指出，如果真实的世界真的像我和斯道格兹提出的模型那样运转，那么米尔格拉姆所遵循的直接搜索方式就是不可能的。原来这个问题是由我们小世界模型的一个特征引起的，我们还没有对这点进行讨论。虽然小世界模型能让我们构建一个避免了许多无序和混乱的网络，而且随机性实际上是一个特别的排序。特别的是，每当通过一次随机重新连线建立一个捷径时，一个相邻节点被释放，然后从整个网络中随机地选择一个新的相邻节点。换句话说，每个节点都有相等的概率被选中，作为一个新的相邻节点，而不考虑它的位置和距离。看起来像是我们为了这个问题所做的第一个自然假设，因为它并不依赖于任何人对于距离的特殊想法。但是克莱因伯格指出：实际上人们对于距离都有很强的概念，他们总是使用这个概念来把自己与别人区别开来。地理学中的距离是个很明显的例子，但是职业、阶级、种族、收入、教育、宗教信仰以及个人兴趣这些因素也常常被我们用来估计自己与他人有什么不同。当我们标识自己和其他人的时候，我们总是使用这些有关距离的概念，并且米尔格拉姆的那些实验对象大概也使用了这些概念。但是因为像图3.6中的那些随机连接并没有使用这些关于距离的概念，最后结果里的那些捷径也很难通过直接搜索使用。由于缺乏任何参照点，第三章中的β模型的环形格阻碍了从零位开始的有效搜索。所以，米尔格拉姆的信件或者是随机地乱传，或者是沿着格爬行，那么在他的实验中信件的链条将会长达几百步之多，顶多比从奥马哈到波士顿逐门逐户地查找和递送略好一点。

因此克莱因伯格所关心的是一种更加普通的网络模型，这个模型中信件传递的链仍然被纳入格中，但是这里两个节点之间随机链接的可能性会随着它们之间沿格子计算的距离增加而减少。为了保持简单，他在一个二维的格子图中考虑信息的传递问题（见图5.1），在这个图的上面他想象着通过一个概率分布加入随机链接，这个概率分布被图5.2中的一个功能所表示。用数学的话来说，双对数图上的每条直线表示了指数γ的不同值所对应的幂率状况。指数为0（顶部的水平线）表示坐标图中所有的节点都有相等的概率被联结，换句话说就是，克莱因伯格的模型是将第三章中的实验模型简化为一个二维版本。

因此当γ等于0时，存在许多短路径，但是就像我们刚才看到的，它

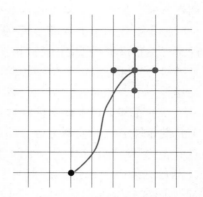

图 5.1　克莱因伯格的二维格模型。每个节点和它四个最近的
　　　　邻居连接，并随机地和一个其他点连接。

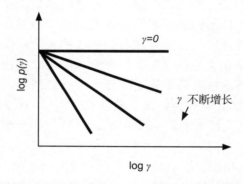

图 5.2　生成随机连接时的概率 γ 作为节点在格中距离的函数。当 γ 为
　　　　零的时候，所有连接的机会是均等的。当 γ 很大的时候，只有
　　　　在格中相近的节点才会连接。

们是无法被找到的（存在但是我们找不到）。反之，当 γ 很大的时候，随
机捷径出现的可能性随着距离锐减，直到已经很接近的时候，才有机会连
接上。在这两种极端情况下，作为基础环境的格子的信息起了很大的作
用，由于加入了这种属性，寻找和导航就变得比较容易了。问题在于，长
距离的捷径是不可能有效率地被找到的，在两种极端情况下都是如此。但

是克莱尔伯格要问的是，在两种极端之间的中间地带，情况会如何呢？

实际上一些十分有趣的情况已经显示出来。图 5.3 表明一条信息要定位一个随机目标所需要的链接的典型的数量，这是参数 γ 的函数。当 γ 的数值远小于 2 时，这个网络就和原来的小世界模型遇到同样的问题——短路径存在，但是却找不到它们。而当 γ 等于 2 的时候，这个网络在利用格子方便导航和寻找捷径之间达到一种理想的平衡。连接任何一个特定的节点的可能性，将随着距离的增加而减少这是对的。但是距离越大，可以连接的节点数就越多这也是正确的。克莱因伯格想表明的是当 γ 等于其临界值 2 的时候，这些相互矛盾的力量正好相互抵消。结论就是：这个网络有着这样一种特殊的性质，在所有的尺度上每个节点拥有相同的连接数。

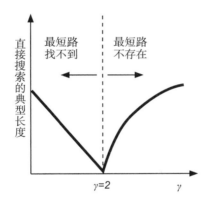

图 5.3 克莱因伯格的主要结论：只有 γ 为 **2** 的时候，网络才具有人们实际可以找到的最短路径。

这个概念理解起来有一些复杂，但是克莱因伯格用一张很好的图画去表达这个理念。他引用了沙尔·施泰因伯格（Saul Steinberg）的画"从第九大道观察到的世界的图像"，这是《纽约人》杂志 1976 年的精美封面，就像图 5.4 再现的那样。在这张画中，第九大道占去了整个画很大的空间，随后西曼哈顿第十大道的一部分和哈得逊河也逐次展示出来。从而展示了哈得逊河的出口，通向太平洋，一直通向整个世界。

图 5.4　施泰因伯格的"从第九大道观察到的世界的图像"，
《纽约人》杂志 1976 年的封面。

　　施泰因伯格是在对纽约人对本地事件投入了和对这个星球上的重大事件一样多的关注这一趋势做一个社会性的评论——他们把自己看作宇宙的中心——但是在克莱因伯格的模型中这幅图像有着更加实际的意义。当 γ 等于临界值 2 的时候，第九大道上的个体有可能在图片中的每一个地区，都有着相同数量的朋友。换句话说就是，你将预期到住在你周围的朋友和住在这个城市其他地区的朋友同样多，同样会有相同数量的朋友住在这个州的其他的部分，同样会有相同数量的朋友住在这个国家的其余的部分，依此类推，直到扩大到全世界的范围。你可能会认识某个住在其他大洲的人就像可能认识某个住在同一个街上的人一样。当然，有几十亿人住在其他的城市、国家、大洲，可能只有几百人住在这条街上。这里的要点是你不大可能认识世界另一边的某个特定的人，以至于这些"世界其余部分的人"和"住在这条街上的其余的人"在你的社会熟人中所占的数量差不多是相同的。

克莱因伯格结论的精髓是，当这种在所有尺度上有相等链接的条件得到满足的时候，不仅仅是网络呈现出每对节点间存在着短路径，同时每一个发信者确实可以找到这些路径，如果他们中的每一个人只是简单地把信息向前传递给他们朋友中看起来离目标最近的那个。没有人需要自己去解决这个问题，否则将不存在搜索。并且，在每一步的时候，所有特定的发信者需要去考虑的是：如何让这个信息进入到搜索的下一个阶段，这里的阶段就像施泰因伯格画中的不同区域。因此如果你最终的目标是塔吉克斯坦的一个农民，你没有必要指出让这个信息到达目标的全部路径。你只需要让这个信息进入这个世界中那个正确的部分就够了，接下来就让其他人去考虑下一个问题。通过这样做，你假定链条中的下一个人，比你更接近目标，而且比你有更加准确的信息，因此可以更好地推动搜索进入下一个阶段。条件是 γ 等于 2 的时候这样才有效。当网络满足这样的条件时，只有很少的发信者被要求去让信息从一个区域到另一个区域——从世界的任何一个地方到正确的国家，从这个国家的任何一个地方到正确的城市，依此类推。而且因为这个世界就像施泰因伯格画中的一样，总是可以被划分成这样的几部分，这样整个信息链也将会比较短。

我们将把这称为克莱因伯格条件。这个条件的发现以及证明了随机的小世界网络中有效搜索的不可能性，确实是对于网络认识的重要一步。克莱因伯格的深刻见解在于，对于社会网络只考虑到随机的小世界网络现象是不够的，还需要对于社会网络基础信息有实际认识和了解，解码社会结构。但是，克莱因伯格的模型并没有解释如何具体运作，即网络的动力学。也许对于网络的这些连接进行安排和整理，就有可能使得网络成为可以搜索的。但是，克莱因伯格并没有打算形成社会学的严格的、实际的模

型，而是保持尽可能简单，以便进一步理解网络的行为，因为这用更复杂的版本是无法做到的。这就为进一步把社会学的作用发挥出来，从更广的角度观察和研究，留出了空间，敞开了大门。

社会学反击

在哥伦比亚大学的时候，纽曼有一天来拜访我，当时他和我正在思考直接搜索的问题。我是 2000 年 8 月从麻省理工学院搬到哥伦比亚大学加入社会学系的。在经过一段时间的讨论之后，我们坚信克莱因伯格条件并不是理解米尔格拉姆结论的正确方法。为什么呢？难道克莱因伯格没有证明在所有标度下，任何一个没有均等链接的网络是不能被有效地搜索的吗？答案为：也是也不是。如果人们在一个坐标图下测量他们之间所有的距离，那么答案就可以为"是"。但是也许他的结论真正要告诉我们的是，人们实际上并不是通过这种方式测量距离的。当我们漫步在春天阳光照耀下的校园之中的时候，我们想出了一个涉及典型的小世界挑战的例子：如何才能联系到一个中国的农民个体。也许我们没有一个人认识任何一个大陆的农民个体，不论这个群体的人数有多少，也许我们永远无法做到。但是我们认识一个人，这个人至少可以给我们指出正确的方向。

艾瑞卡·任（Erica Jen），一位美籍华人，直到现在还是圣菲研究所的副所长，也正是她雇用了纽曼和我。在她到圣菲研究所之前很早的时候——在"文化大革命"期间——曾经进入北京大学学习。此外，在那些年，她还是一个社会活动家（同时也是第一个在北京学习的美国人）。我们认为即使她不认识任何一个四川省（或者是任何一个我们假设的农民居住的地方）农村的领导，她也可能认识某个有这样能力的人。至少，如果我们发一封信给她，那么我们一下子会觉得十分自信，这封信无论如何都会到达中国。我们不用准确地知道这是如何做到的，而且我们对于这封信到达之后会发生什么也没有任何想法。但是如果克莱因伯格是正确的，那这就不是我们的问题了——所有我们可以做的就是让这封信到达传递的下一个阶段（即到达正确的国家），然后让其他的某个人去考虑如何锁定目标。

克莱因伯格的模型和我们设想的发信者链条之间的不同在于：尽管很

明确任是这个链条中很重要的一个环节，也可能是将这封信移动距离最长的一个人，但是她并不是一个"长线"链接——这是我和纽曼直到目前为止所关心的。

我们三个人同属于一个在某些方面相同的、小而紧密结合的社区——组成了圣菲研究所的研究网络。从我们的角度来看，她住在哪里以及20年前她在做什么并没有关系，有关系的是我们认识了她，她成为我们的老板、同事和朋友，在同一个地方工作，并且在一些项目上有相同的兴趣。她和我们之间的距离也没有比我们之间的距离长，并且据我们所知，她与中国的朋友在她看来也并不比我们之间的关系密切。换句话说，我们的信件在持有者之间要有两次跳跃——一次是从我们到任，一次是从任到她在中国的一个朋友——这样，如果把这个过程看做一个路径的话，这段路经看起来确实是很长的。

为什么那样的两步路会比其他的路径都短呢？的确，在一个通常的坐标图模型中，就像我和斯道格兹以及后来的克莱因伯格考虑的那样，这是没有保证的，这就是为什么所有这样的模型（甚至是克莱因伯格的模型）都要求要有一些长线联系。虽然这看起来好像可以在真实世界中发生，这种自相矛盾的说法一直被数学家包括一些社会学家所关注。早在20世纪50年代，当数学家曼弗雷德·柯琴（Manfred Kochen）和政治学家艾希尔·德索拉博尔（Ithiel de sola paul）第一次联手提出小世界问题的时候，就面对着这样的困惑：这种社会学意义上的距离似乎违背了数学中的一个基本定理——三角形不等式（见图5.5）。根据这个不等式，三角形的任意一边都小于或者等于另外两边的和（原文如此。——译者注）。换句话说，通过一个中间节点，连续走两步所经过的距离，总要比你一步直接到达该点所经过的距离长。然而这正是我们的假设想要说明的："社会距离"似乎并不遵循三角形不等式。

社会网络真的违背了三角形不等式吗？如果没有，那么为什么它会表现成这种样子？理解社会网络中关于距离的这个自相矛盾性的关键是，我们可以通过两种不同的方式来测量距离，而我们常常把这两者搞混。第一种方法——我们在本书中已经做了大量的说明——是通过网络的距离。在这样的概念下，AB两点之间的距离就是连接这两点的最短路径的链接的

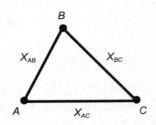

图 5.5　三角形不等式指出 $X_{AC} \leqslant X_{AB} + X_{BC}$，所以两小步总要比一步长。

个数。但是这并不是思考我们与其他人间有多近或多远时通常使用的距离的定义。相反，就像怀特在前几年华盛顿的一次 AAAS 会议上提醒我的，我们往往会通过我们属于哪个小组、机构和活动来定义我们自己和别人。

在那个阶段，经过对从属网络进行了一段时间的研究，纽曼和我对社会属性这个概念已经比较熟悉了。但是现在我们意识到个人并不仅仅是简单地属于某个小组，他们仍然需要有一种方式，把他们自己放到一定的社会空间之中，以达到评价他们和其他人之间的相同点和不同点的目的。他们是如何做到这一点的，这有点类似图 5.4 中施泰因伯格那幅画说明的情况。当从全世界的角度开始，所有的个人将世界划分成一些可控制的、较小的、具体的类别，然后再将每一个类别划分为更小的一些子类别，这些子类别再被划分。这样一直进行下去。形成一个图 5.6 所示的从属关系网络的图像。

这种等级制度的最底层包含了许多小组，用来定义我们的从属关系——我们的公寓楼、我们的工作地点或者我们的娱乐休闲群体。但是不像第四章提到的从属网络，两个角色要么属于同一个小组（一次有联系）要么属于不同的小组，现在我们可以给不同的关系以不同的强度。两个人可能在不同的小组工作但是他们却属于同一个部门。或者可能他们在不同的部门工作但却属于同一个大部门或者也许仅仅是相同的公司。一个人越是往高的层次上寻找相同的小组，这两个个体之间的距离也就越大，并且就像克莱因伯格的模型那样，他们之间的距离越大，那么他们就越不可

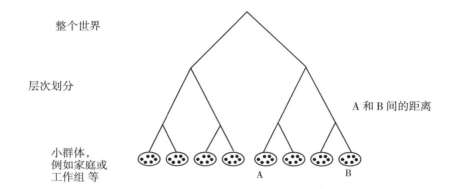

整个世界

层次划分

A 和 B 间的距离

小群体，
例如家庭或
工作组 等

A   B

**图 5.6   世界按照单一维度进行的层次划分。A 和 B 的距离就是他们最低的
公共上级节点的高度。在这里就是 3，如果在同一层，则为 1。**

能认识彼此。所以在我们的模型中，存在一个参数与克莱因伯格模型中的
γ 参数相同，我们称之为相似参数。这是来自社会学的一个术语，用来描
述人与人之间的相似度。在一个相似度很高的网络中，只有那些同属最小
团体的个体可以被连接，从而形成一个由许多独立集团组成的、支离破碎
的世界。当相似度为 0 的时候，我们得到了和克莱因伯格条件一样的网
络，个体之间可以在任何尺度的社会距离上以相等的可能性建立联系。

因此，社会性距离，它的作用与克莱因伯格模型中的情况很相似。但
是现在有许多种类的距离，我们可能会在评价两个人相遇的可能性时需要
参考它们。尽管就地理坐标而言，克莱因伯格的坐标图有效地确定了每一
个孤立个体的位置，但是现实世界中的个体是从各种各样的社会层面来获
得他们关于距离的概念。地理位置是很重要，但是种族、职业、宗教信
仰、教育、阶级、休闲娱乐和组织从属（关系）也同样重要。换句话说，
当我们将这个世界划分成一些更小更具体的小组的时候，我们会同时利用
到多个不同的层面。有时候地理上的接近很重要，但有的时候在确定一个
人认识谁时，比起知道那个人住在哪里，在同一行业工作，去相同的大学
或者喜欢相同类型的音乐也许会更加有意义。此外，在某个层面上很接近

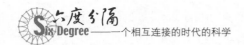

并不意味在另外一个层面也接近。做医生与做教师相比，并不会仅仅因为你在纽约长大就比在澳大利亚长大有更多的机会。从事相同的职业并不意味着你必须和从事你这个职业的其他人住在一起。

最后，如果两个人在某一个标度上很接近的话，他们也许会认为他们在一个绝对的意义上是接近的，即使他们在其他的标度上是距离很远的。你我之间只需要有一个相同点，只要有一个方面互动就可以了。但是对于我们之间相互了解这是不够的。换句话说，社会距离隐含着求同存异的理念，并且这给出了解决小世界矛盾的方案。我们可以在图 5.7 中看到，两个个体，A 和 B，每个人都认为和第三个节点 C 一样接近，其中 A 与 C 在一个标度相近（比如说，地理位置），而 B 与 C 在另一个标度相近（比如说，职业）。由于我们这里只计算最短路径，所以 C 在其他方面与 A、B 相距很远这一点并没有什么关系。但是由于 A 和 B 在所有的标度上都距离很远，所以他们认为彼此之间相距很远。这就像你有两个通过不同途径认识的朋友，尽管他们两个你都喜欢，但是你却感觉他们之间没有什么相同之处。但是他们之间却是有一个共同点的，那就是都认识你，因此不管他们是否知道这一点，他们彼此是接近的。思考这个特点的另一种方式

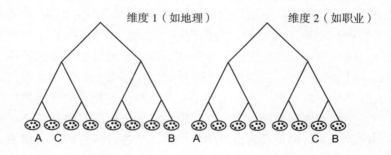

图 5.7　在各种社会维度上，人们有多种不同的、独立的层次和区分。这里以三个人在两种社会维度上的区分为例。这三个人中，A 和 C 在地理上比较近，而 C 和 B 在职业上比较近。这样，C 就觉得 A 和 B 都离自己很近，但是 A 和 B 却并不认为彼此很近。这种情况和图 5.5 所表示的三角形不等式不一样。

是：许多小组可以被很容易地分类，个体之间则不可以。因此，社会属性
展现了一个多维的世界，个体跨越了不同的社会环境。这正好解释了在社
会距离上是不服从三角形不等式的。对于我和纽曼来讲，个体社会属性的
多维性正是下述事实的根本原因：即使在面对巨大的、令人畏惧的社会阻
碍的时候，信息仍然可以通过网络得以迅速、有效地传递。

在纽曼回到圣塔菲之前我和纽曼对此进行了深入讨论，后来我们都太
忙而没有时间在这个问题上做更多的工作。大概六个月后，克莱因伯格在
访问哥伦比亚大学的时候，要在社会学系做一个关于他在小世界方面的研
究报告，我抓住这次机会通过他来实现我们的想法。他不仅同意我们的方
法似乎是思考这个问题的一种正确方法，而且他自己也有一些新的想法。
毕竟，克莱因伯格是一个人尽皆知的火箭专家，他是那种第一次在报告中
听到一个问题，然后在报告结束的时候就会比演讲者理解得更好的人。因
此，如果他在考虑我们的方法，通过他其他人也会对此加以考虑的，而且
我担心没有足够的时间，让我们一起工作。

幸运的是，克莱因伯格很慷慨，就像他很聪明一样，他同意在几个月
里坐下来同我们讨论一些细节，好给我们一个机会先发表一些东西。即便
是纽曼和我完全忙碌于可以预见的未来，如果我们准备尽快完成某些事
情，我们也还是需要一些帮助。值得庆幸的还有一点，和克莱因伯格同时
参加我们讨论的还有彼得·杜德斯（Peter Dodds）——哥伦比亚大学的
一位数学家，同时也是我们研究小组的成员。杜德斯和我已经在为另外的
问题在一起工作（在第九章我们要会遇到这个问题），所以我知道他可以
像纽曼一样，很快地进行计算机编程。纽曼回到圣塔菲之后，杜德斯和我
就放下了其他研究工作专心研究搜索问题，几个星期之后，纽曼的一系列
结果让我们感到惊讶，这些结果比我们预期的要好得多。

我们的主要发现是：如果我们允许模型中的个体利用多维的社会标度
的话，他们可以相对容易地在一个庞大的网络中随机找到选定的目标，即
使是在他们之间的连接相似度很高的时候。事实上，在图5.8中我们可以
看到，搜索网络的存在并不是很依赖于相似度或者是社会标度的数量。用
图论的术语说，只要我们模型的参数落到图5.8中的阴影区域，那么搜索
网络就是存在的。这和克莱因伯格条件是等价的。因此，我们的结果在某

种意义上与克莱因伯格的不同。尽管克莱因伯格条件特别指出这个世界必须是以特殊的方式构成的，这样小世界才可以成功地搜索，但是我们的结果表明这个世界可以是任何方式的。只要个体之间对他人比他人对自己更加了解；并且更重要的是，只要他们在测量相似程度的时候是沿着多于一个

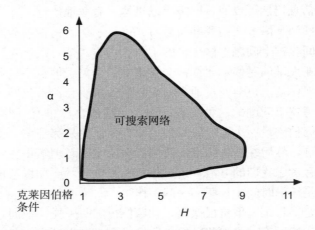

图 5.8　在参数空间里的阴影部分内，社会网络是可搜索的。即使社会群体的相似程度较大的时候（$\alpha < 0$），只要允许他们运用多维社会网络（H），他们就都是可搜索的。而符合克莱因伯格条件的只有一个点。

社会标度进行的。进一步说，不仅短路径存在于几乎任何人之间和任何地方，而且即便是个体们只有关于网络的本地信息，他们也可以找到这些短路径。

　　然而，令我们更加惊讶的是只有当标度的数值是 2 或 3 的时候才可以得到最好的实验结果。从数学上说，这是有一定意义的。当每个人只是用单一的标度（比如说，地理位置）剖析世界的时候，他们就不能利用多种联系来在社会空间中的更大距离之间跳越。这样，让我们回到克莱因伯格的世界（也就是他的模型），这里的连接在所有的距离尺度上都是均等分布，以方便进行直接搜索。并且当每个人都在多种标度上扩展他们的连接的时候，当你的朋友中没有人是属于同一小组的时候，我们又回到了随机

网络的世界中，这种短路径是存在的，但是却找不到。这是有意义的，可搜索的网络应该是存在于这之间的某个地方，这里的个体既不是线性的也不是分散的。但是最理想的表现应该是当标度值是 2 的时候，这个发现仍然是个惊喜，因为这个数值看起来是人们经常使用的。

就在米尔格拉姆发表他具有创意的小世界论文之后的几年，另一组由一位人类学家罗塞尔·伯纳德（Russell Bernard）和一位海洋学家彼得·吉尔沃斯（Peter Killworth）领导的研究人员，进行了他们所谓的"反小世界实验"。他们没有采用发包裹然后跟踪包裹的进程的方式，像米尔格拉姆一样，他们只是简单地向几百个实验对象描述了他们的实验，并且询问他们如果要求他们投寄包裹他们会采用什么标准去投寄。他们发现：绝大多数的人仅仅使用几个标度——其中占优势的是地理位置和职业——去将他们的消息传递给下一个接收者。这和我们 25 年之后分析出的数值是相同的，并且没有任何特别的提示。这让我们很震惊。但是我们可以做得更好。

通过在我们的模型中嵌入一个粗略估计的参数，就像他们用在米尔格拉姆实验中的一样，我们可以将我们的预测和米尔格拉姆的实际结果相比较。图 5.9 显示了这个比较。这两组结果不仅不好比较，而且用标准的统计检验也无法将它们彼此区分开来。在所有的预期和目标上它们都是相同的。鉴于巨大的不确定性，我们的模型考虑到了世界的复杂性，结果是很奇妙的。为了看到它是如何运作的，让我们回到我们假设的例子中，以中国的一个农民作为目标个体。在选择我们的朋友任作为我们第一个中介者的时候，我们使用了两组信息。第一，关于距离的概念，这使得我们推断出我们距离目标很远。但是它同时也告诉我们为了相互接近，人们需要属于什么样的小组。这样我们关于社会距离的概念就帮助我们确定了一种情况——某个个体是否能够成为信息传递的好的候选者。第二，我们利用对于本地网络的知识去决定我们的朋友之中是否有满足这个条件的人，就是说，我们的朋友中有人至少和目标是属于同一个小组的吗？任曾经居住在中国，这使得她成为一个很好的候选人。

这基本上是米尔格拉姆的实验中所使用的方法，因此我们的模型表明的是，只要他们沿着至少两个标度来判断他们与其他人之间的相似性，然

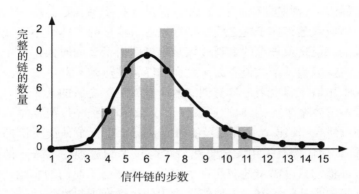

图 5.9　社会网络搜索模型的结果与米尔格拉姆在内布拉斯加做的实际调查
　　　　结果的比较。直方图表示的是他的调查结果，42 个完整链的数据。
　　　　曲线则是我们的模型模拟的结果。

后即使在一个世界中他们连接的人都是和他们很相似的人，他们仍然可以
找到短路径，即使是指向遥远的、不熟悉的个体的短路径。我们应该紧紧
抓住这点：我们的模型与米尔格拉姆的结果的相同之处，很大程度上独立
于我们如何选取特定的参数。这一点告诉了我们一些关于这个社会深层次
的事情。不像电力网络和人脑中的神经网络，社会网络中的个体关于如何
标识他们自己有着自己的想法。换句话说就是，社会网络中的每个个体都
有至少一个社会标识。引入网络距离的概念，使个体可以在这个网络中通
过这个概念来导航，社会标识使得网络可以被搜索。

在 P to P（点对点）网络中搜索

　　可搜索性是社会网络的一个重要的基本属性。通过我们自己的方式将
世界解剖，通过多维度的社会距离的概念，而且通过把搜索过程本身分解
成可以控制的几个阶段的方法，我们就可以相对容易地解决一些看起来似
乎十分棘手的问题（就像试着不借助计算机来玩凯文·贝肯游戏）。像某
些人所指出的：网络必须来源于某处，并且它们的来源在它们随后展现出
来的社会属性中是十分关键的，这一点现在是很明确的了。在一个被越来
越多的物理学家控制的科学领域里，社会学的重新进入，还有着深层意义

上的方法论上的启示。我们可以学到的是，有时简单的模型中没有任何错误，但是在任何复杂的现实中都有许多这样的简单模型，如何进行选择呢？我们现在知道，为了仔细而深入地思考这个世界运行的方式，我们既要像社会学家，同时也像数学家一样思考。这样我们就可以从中选出正确的那一个。

然而，需要理解网络中的直接搜索的另一个现实原因，是来源于下面的情况的。通过一条以熟人为中介的链条在一个社会网络中寻找目标个体的过程，这在本质上很像在一个分布式数据库中寻找一个文件或者是其他一些独特的、具体的信息。现在相当多的注意力集中在所谓的 P to P 网络（可以成为点对点的网络）上，特别是在音乐业界。第一代这样的网络，典型的例子就是臭名昭著的 Napster，它实际上只在有限意义上是一个 P to P 网络。当文档位于某一个人的个人电脑（一个点）上的时候，文件就可以在各个点之间直接进行交换，而主服务器上则维护着一份包含所有有效文件及其位置的完整目录。

原则上讲，一份主目录汇集了像有关寻找信息这样的许许多多事情和问题。在一个巨大的网络中，当你向主目录提出简单的询问或者请求时，它就会告诉你文件的位置。但是主目录是很难建立和维护的。从用户的角度来讲，是像 Google 这样的互联网搜索引擎，充当了主目录这样的角色，通常它们所做的就是像信息定位这样的日常工作，然而有时也会有一些挫折。Google 并不同于其他的普通站点。为了处理那些巨大的数据处理请求（这些请求通常都是数以百万计的同时请求），Google 需要拥有数以万计的高端服务器。当我几年前在旧金山的一间会议室听 Google 的一位创始人，拉瑞·佩奇（Larry Page）谈论公司的时候，他说他们每天几乎要增加 30 台服务器来满足不断增长的需求。对于搜索问题来说，主目录可能是一个有效的解决方法，但是它们并不是廉价的，有时甚至是很昂贵的。当 Napster 的用户发现他们最喜欢的音乐文件交换网站被愤怒的唱片厂商关闭掉的时候，集中式设计再次被证明是脆弱的，并且就像一个只有一个航空港的航线网络——所有的航班都必须通过这个航空港，一旦失去了这个中心，整个系统就会崩溃。

然而甚至在 Napster 进入最后的垂死挣扎之前，形式更加激进的分布式数据库，我们也许可以称之为真正的 P to P 网络，已经开始在互联网上悄然出现。其中之一为 Gnutella，它是由 AOL 的一个叛逆程序员设计的，他曾经在 2000 年 3 月的某个时候在 AOL 的主页上张贴过一份协议。认识到隐含在文件共享系统中潜在的侵犯版权的问题，并且考虑到将与时代华纳完全合并，AOL 官方在这个冒犯性的协议发表半个小时之内就把它清除了。但是他们做得太迟了——这个文件已经被下载并且就像毒品在血液中扩散一样，在黑客社区中传播开来，并且产生了几十个升级和变化的版本。Gnutella 早期的创作者之一，年轻的软件工程师杰尼·邝（Gene Khan）声称，Gnutella 是对那些文件交换者祈祷的一个回应，并且将是唱片业一个不可阻挡的对手。由于 Gnutella 仅仅是一个协议，它并不能被没收或者查抄，并且由于这里并没有任何实体作为中心，所以没有起诉的对象，也没有什么东西可以去关闭。按照邝的说法，人们将会认为 Gnutella 是坚不可摧的、非常强大的。

一年之后，Khan 已经被证明有一半是正确的。没有人可以成功地摧毁 Gnutella，但是这里看起来也并没有很多的需求。Gnutella 已经明显地被它自己困住，因为完全相同的分布式架构——这曾经让它看起来很有前途。由于没有一个服务器知道所有的文件都在什么地方——因为这里没有一个主目录——每一个请求就变成了一个广播式搜索，有效地搜索了网络中的每一个节点："你有这个文件吗？"因此像 Gnutella 这样的 P to P 网络，包括上万个节点，将会产生大约 10 000 倍于 Napster 网络的信息量。在有着相同规模的 Napster 网络中，每一个请求被发往一个单个的高能力的服务器。由于 P to P 网络的主要目标变得尽可能的大（目的是增加可用文件的数量），并且随着网络的规模扩大，网络的表现也就越差，这真的是 P to P 网络固有的缺点吗？

像 Gnutella 这样的世界的一个特点，偶然地被杰内特·佛雷斯特（Janet Forrest）一年前在北卡罗来纳州 Taylorsville 小学的六度社会研究课程中揭示出来。通过进行一个"电子邮件计划"，佛雷斯特和她的学生给他们的家人和朋友发送了一些甜蜜的信息，同时要求所有接收到他们信息的人把这些信息发送给他们认识的每一个人，这样他们就可以同样将这些信息发送给他们认识的每一个人，以此类推。"他们也要求每一位接收者回复他们,这样他们就可以记录下信息发送给了多少人和发送到了哪里。"这真是一个糟糕的想法!在这个计划几周之后被取消的时候,这个班级已经收到了来自全国每个州以及 83 个其他国家的超过 450 000 条回复。并且这仅仅是那些做了的回复!现在你可以想象一下如果全世界每一个六度社会研究的班级都同时做一个类似的实验会是什么样子(令人难以置信的是,最近我确实是收到了另一则来自于新西兰的一个学校类似的信息,并且他们获得了新西兰教育总长的称赞和支持)。更加糟糕的是,任何时间任何人想要从别人那里获取信息,他们一开始都是采用这种全球广播的方式。如果发展下去,互联网的时代将会快速且不光彩地终结,并且其间混杂着比曼谷高速公路流量高更多的谩骂。

因此,一般来说,主目录是十分昂贵和脆弱的,并且广播搜索产生了比祝福更多的问题。结果就是,高效的搜索算法要求的仅仅是本地网络的信息,这些信息应该有着更多的实际利益。因此这是小世界现象的一个很有趣的方面——扎根于社会网络中的个体能够解决点对点的搜索问题,即使他们自身并不知道如何做到这些。通过理解和利用这个问题的社会学版本的一些特性,我们希望能为网络搜索问题制定新的解决方案,这个搜索问题完全不需要涉及人。对这个问题我们实施了我们的解决方案,其他一些对于 P to P 网络中直接搜索问题的解决方案利用网络结构的其他方面也被提出。这些努力中最著名的是物理学家伯纳多·休伯曼(Bernardo Huberman)和他的学生拉达·阿达米克(Lada Adamic)在加利福尼亚州帕罗阿托的惠普研究实验室做的。

由于观察到 Gnutella 网络的分布在一定范围内遵循某种规律,阿达米克和休伯曼提出了一个搜索算法,凭借这个算法,节点直接向与它们连接最多、速度最快的邻居请求,邻居再查询它的本地目录以及它邻居的目录。为得到一份请求的文件,不断地重复这个过程直至这个文件最终被找到。按照这种方式,每个请求很快就被定位到一群相对数量较小的中心。这是一种典型的无标度网络,并且共同连接了网络的大部分。通过随机地搜索这个中心网络,该小组证明,大多数的文件可以在一个相对较短的时间内被找到,而没有加重网络整体的负担。像这个方法一样巧妙的是,他们提出一个对于主目录脆弱性的解决方案——中心必须比普通节点有更高

的性能，并且网络的性能依赖于关键中心的可操作性。相比之下，社会网络的可搜索性像是一个具有更高平等性的操作。在我们的模型中，普通的个体有能力找到短路径，因此不需要有特别的中心。

关键在于，在刺激解决不同问题的新的、有创意的解决方案的过程中，小世界问题提供了一个完美的例子——不同的学科之间可以相互帮助来建立一门新的网络科学。回到 20 世纪 50 年代，科钦（一个数学家）和波尔（一个政治科学家）是第一批思考这个问题的人，但是没有电脑的帮助他们找不到解决方案。米尔格拉姆（一个心理学家）在怀特（一个物理－社会学家）还有伯纳德（一个人类学家）和基尔沃兹（一个海洋学家）的帮助下，也被这些经验主义的问题频繁攻击而不能解释它实际上是如何运作的。30 年后，斯道格兹和我试图把这些问题变成一个关于普通网络的问题但是没有把它看成是算法的一个组成部分，把这扇门留给克莱因伯格（一个计算机科学家）去打开。依次，克莱因伯格为纽曼（一个物理学家）、斯道格兹（一个数学家）和我（现在是某一类社会学家）打开了这扇门，让我们通过并且捡起了看起来一直躺在那里的解决方案。

这是一个漫长的过程，几乎有 55 年，并且现在我们认为我们最终理解了这个问题，看起来应该有人在很久之前就理解了这个问题。但是它以这种方式发生了。没有克莱因伯格，我们永远不会知道如何去思考搜索问题——我们可能不知道该通过哪一扇门。并且如果没有早期在小世界网络方面的研究，克莱因伯格也不会一开始就思考这个问题。没有米尔格拉姆，也没有人知道我们试图解释的是什么东西，并且如果没有波尔和科钦，米尔格拉姆可能就会停下做其他不同的实验。现在回想起来，任何事情看起来都很明显，但是问题的本质是小世界问题只有通过许多不同科学家的共同努力才可以解决，这些人以不同的角度，带来了令人难以置信的各种各样的技巧、想法和视角。在科学的世界里，像在生活中一样，一个人不能简单地快进磁带去看结果是什么样子的，因为结果只能在探索它的过程中写下。像一部成功的好莱坞电影，这个结局，只是最终结果或续集的一个序幕。对于我们来说，这个最终结果是动态的。紧接着网络中动力学的神秘性之后，无论是疾病的流行、电力系统中的级联失败还是革命的爆发，直到现在我们所遇到的网络的问题只是海岸边的一些鹅卵石。

酷热地带

第

6

章

疾病流行和
系统失效

一般人都不会因为担心大规模的传染病而睡不着觉，这是因为他们都没有读过《酷热地带》（*The hot zone*）这本书。理查德·普瑞斯通（Richard Preston）描述了埃博拉病毒的真实故事。这种令人畏惧的致命病毒是如此残酷无情，致使血流成河，这样的巨大灾难只有大自然才能设计得出来。病毒的名字来源于流经扎伊尔北部，现在属于刚果民主共和国的埃博拉河。这种病毒是在1976年，从隐蔽的热带丛林里首次出现的。它先是袭击了苏丹，继而在两个月之后席卷了扎伊尔，它几乎同时在 55 个村庄爆发，仅在那一年就夺走了接近 700 条生命。

据说，埃博拉病毒的传播像艾滋病毒一样，是从猴子传染到人类的。然后它发展成了三个更加致命的新变种。最近一次埃博拉病毒的爆发是在乌干达出现的苏丹变种，这个变种的死亡率达到了 50%，相对来说还不是最危险的，扎伊尔变种的死亡率达到 90%！即便如此，在它被控制住以前，从 2000 年 10 月到 2001 年 1 月，在古鲁地区（Gulu）已经有 173 人死于非命。在过去的 30 年中的其他几次爆发，规模和地点都大致相似，多数是在偏僻的小村子里。这些爆发的恐怖故事都很类似：患者向邻近的当地医生求诊，开始只是类似于流行性感冒的症状；几天后就感觉极度疲劳，并且开始出血。当人们意识到灾难来临的时候，往往已经为时过晚。在第一线的、英勇的医务工作者首先倒下；恐慌开始大面积蔓延；成批的尸体被丢在遗弃的小屋里；一个个村庄被毁坏和抛弃；整个区域陷入恐慌。埃博拉病毒真是一个魔鬼，一个从地狱出来的信使。

具有讽刺意味的是，埃博拉病毒巨大的杀伤力也是它的一个弱点。它实在是太致命了，这反而不利于它的传播。不同于艾滋病毒的长期的、悄悄的潜伏，埃博拉病毒表现出的是火车失事般的爆发，在几天之内就现出原形，并且将宿主杀死。此外，一旦症状显现，患者的病症已经太过明显，根本不能外出传播，导致患者被隔离，这反而减少了病毒向外界传播的能力。因此，绝大多数的爆发都被局限在偏远的地区，它们大都在热带雨林里，而且远离人口密集的大城市。

只有一次，在 1976 年的第二次爆发时，埃博拉病毒成功地到达了大城市。一个叫梅林格（N. Maylinga）的年轻护士感染了扎伊尔变种。她曾在扎伊尔的首都和最大城市金沙萨附近待过。然而很幸运，巨大的灾难由于埃博拉病毒的另一个特性得以幸免。埃博拉病毒在最初阶段并没有传染性。即使当一个病人处于晚期，表现出内出血和咳血的症状并将带血黏液咳入空气时，病毒也只能通过侵入皮肤或者可渗透的黏膜，比如鼻子眼睛等才能感染新的宿主。当梅林格的病情到了这个阶段的时候，她已经意识到了自己的病情和命运，马上被隔离在医院了。

读到这里，你可能认为埃博拉病毒只是蔓延在撒哈拉以南的非洲恐怖疾病中的一种而已。非洲，这个最奇异的、最悲惨的大陆，看起来好像离我们非常遥远，以至于当下一次灾难爆发时，不会对我们的生活产生多大的影响，顶多不过是早报上的一条新闻罢了。然而事实并非如此。如果说《酷热地带》教给了我们什么的话，那就是从现在起立即改变天下太平的想法。埃博拉病毒不只是非洲的问题，而是整个世界的难题！就像艾滋病毒从金沙萨，从它出生的热带丛林中慢慢地走向我们的时候，可能就是一个名叫加埃唐·杜加（Gaetan Duga）的加拿大乘务员，将其带入了旧金山的公共澡堂，从而把艾滋病带进了西方社会。他因此被认为是西方社会中的第零号艾滋病患者。埃博拉病毒也很可能会这样被释放出来。

与普瑞斯通关于埃博拉病毒引起的死亡的逼真描述相比，病毒在全球范围的扩张更让他担忧。在 20 世纪中，我们人类不仅深深地闯入到非洲的热带雨林，这个充斥着最致命病毒群的古老生态系统中，而且我们还建立了一个国际化的传输网络，能在短短几天内把有传染性的病毒传播到大都市和权力中心，这比埃博拉病毒的传播快得多。普瑞斯通甚至谈到他自己都感到厄运将至，他说，他坐在飞往内罗毕的小飞机上向纸袋中呕吐黑血的时候，他已经感到，我们的整个生活已经不可分割地被置于这个网络之中。

埃博拉病毒出现在城市商场的景象实在是难以想象的恐怖。读过《酷热地带》之后，你就在庆幸这一切没有发生了。事实上，书中还描述了埃博拉病毒的第三个变种在弗吉尼亚州瑞斯通陆军实验室（Reston Virginia）的猴子群中爆发的故事，就紧邻着华盛顿地区。这种目前被命名为瑞斯通-埃博拉（Reston-Ebola）的病毒，最后的结论表明，它对人类无害，但对可怜的猴子有强大的致命性，大部分猴子都死于这种病毒。但是瑞斯通-埃博拉病毒和扎伊尔-埃博拉病毒（Zaire-Ebola）非常相似，没有一种测试可以将两种病毒分辨出来。在屈指可数的几天内，科学家和动物学家都认为被暴露在扎伊尔病毒之下。如果那真的是扎伊尔病毒的话，那我们对于埃博拉病毒的了解就要比今天我们了解的多多了，当然非常幸运这不是在扎伊尔。

互联网上的病毒

在这个信息技术疾速发展的时代，生物意义上的病毒已经不是流行着的唯一威胁，比如克莱尔·斯韦尔（Claire Swire）在 2000 年圣诞节前，就发生了令她非常恼火和郁闷的事情。斯韦尔是一位年轻的英国女士，她在几天前认识了叫布拉德里·查伊特（Bradley Chait）的一个英国男士。斯韦尔女士在约会后的第二天发了封电子邮件给查伊特赞赏他，查伊特觉得赞赏得非常好，所以把邮件转发给了他的几个好朋友。值得注意的是，他只发给了最亲近的朋友，只发了6封邮件。然而，这些朋友也觉得这些赞赏之词很有意思，所以把这些又转发给了他们最亲近的朋友，就这样往复下去，这封带着查伊特的一句总结："这是出自情人的一封赞赏信"的小小的邮件竟然在短短几天之内被接近700万人阅读。这可是700万人啊！可怜的斯韦尔被迫出门远行躲避来自舆论的嘲讽，同时查伊特也因为在未授权的情况下使用公司注册的个人邮箱而被"处罚"（其实大家都在工作时间发送私人邮件）。这也许是一个无聊的故事，但它体现出了指数型的增长借助在互联网上信息传递几乎不需花费任何代价的特点，所能显示的巨大威力。在这个问题上，确实还有很多严肃的问题要阐述。

病毒，不论是人类的还是电脑的，都表现出在网络上被称为广播的搜索方式。正如在第五章所阐述的，广播搜索可以是从任意节点开始的，通过只转发给没被转发的邻居节点的方式，将消息传递给网络中其他所有节点。当疾病开始"传播"后，它并不面向某一个或某一些特定的节点，只是将自己传播得尽可能的远。所以，对于像病毒这样的传染性实体，所谓"效率"，往往带有内在含义上的混乱。我们认为病毒的传染性越高，在宿主身上潜伏的时间越长，就在传播中越有效率。埃博拉病毒比艾滋病毒传染性更高（比如感染艾滋病毒的病人不会在急诊室里吐血），所以埃博拉病毒更有效率；但埃博拉病毒杀伤力强，宿主死亡得太快，相比之下艾滋病毒可以传播得更广。从这个角度讲，则是艾滋病毒更有效率。但埃博拉病毒和艾滋病毒的效率都不如我们熟悉的流感病毒。流感病毒将宿主的生命保持更长的时间，而且可以通过空气传播。仅考虑疾病的"效率"的话，如果埃博拉病毒可以经空气传播的话，那么现代文明在20世纪70年代就已经画上句号了。

我们固然要关注像埃博拉病毒这样的毁灭性瘟疫，但计算机病毒也是值得注意的。在只考虑效率的情况下，它甚至比生物病毒还要麻烦得多。一个病毒，不论是生物的还是计算机的，都是一些通过宿主的资源复制自己的指令。对于人类，免疫系统能够识别出非本体且有可能有害的"指令"，但电脑一般没有这种免疫系统。从本质上讲，计算机的作用在于高效地执行指令，而并不分辨指令的来源。所以，它比生物更容易感染病毒。尽管全世界范围的计算机病毒流行还不会造成现代文明的终结，但是它可能会造成重大经济损失。目前还没有此类状况出现，但我们已经经历了一些令人不安的震颤。在20世纪的最后几年，甚至在人们发现"千年虫"危机前，一些计算机病毒的爆发，已经对数以十万计的世界各地的用户造成了相当程度的混乱和不便。现在，政府部门、大型企业，甚至通常摇摆不定、漠不关心的大众都已经开始关注这个问题了。

计算机病毒其实已经有几十年的历史了，为什么我们最近才开始从全球角度认识它呢？就像其他在20世纪90年代后半期的问题一样，这源于互联网的产生和发展。在互联网之前，病毒传播十分偶然，可能只能通过软盘这种物理地插入机器的方式传播。当然也可能一个感染的硬盘将病毒传染给很多机器，感染的硬盘又可以传染给软盘，即指数传播的可能性是存在的，但传播只依靠手动人工减少了大面积传播的可能性，类似于埃博拉病毒只能通过皮肤破损来传染，以致只有小面积的爆发没有形成全面的流行。

1999年3月，梅里沙病毒（Melissa病毒）的到来让人类深切地感觉到互联网，特别是电子邮件对现状的改变。尽管梅里沙病毒只是一个病毒或者说是一个漏洞，它和恶意代码或者叫蠕虫病毒有很多相似之处。蠕虫病毒肆虐在计算机网络而不是个人电脑上。它们在宿主不激活自己的情况下就开始大量复制并传播。梅里沙病毒作为当时传播最快、最广的病毒，发送的邮件的主题是"来自XXX的重要信息"，而XXX就是宿主的用户名。邮件的主体部分写着："这是你要的文件，别给其他人看哦"，附件中是一个名为list的微软Word文档。一旦附件被打开，梅里沙病毒的宏指令就被自动执行，将邮件转发给联系表里的前50个联系人。如果这些地址里碰巧有个邮件列表的话，列表里的每个邮箱都会收到病毒电邮。

结果是相当戏剧性的，首先在3月26号星期五被发现时，梅里沙病毒已经在几小时内传遍地球了，等到星期一早晨，300个组织、上万台机器被感染，很多站点堆积了过多的信息因而不得不暂停了邮件系统（比如，曾在45分钟内收到32 000条信息）。梅里沙病毒不仅不是恶意病毒——它最恶意的举动只是在当时的分钟数和日期相符情况下，在打开的文件里添加一个指向美国动画片的链接——只能通过微软Outlook邮件服务程序传播。不使用Outlook的用户只能接收病毒，不能传播。它没有产生严重后果，这是它与真正破坏性的恶意病毒的本质区别所在，我们稍后还会讨论这个问题。首先我们需要了解传染病的传播机制，特别是，在什么情况下小范围的疾病爆发会转变成大规模的流行病。

流行病中的数学

现代的数理流行病学（mathematical epidemiology）建立于大约 70 年前，它是由威廉·科马克和麦克肯德里克（William Kermack 和 A. G. McKendrick）两位数学家建立的 SIR 模型。SIR 模型至今仍然是多数传染病模型的基础。SIR 是传染病三个主要阶段的首字母缩写（见图 6.1），分别是 susceptible，易感者，表示未染病但有可能被该类疾病传染的人；infectious，染病者，表示已被感染成为病人而且具有传染力的人；removed，恢复者，表示已经康复或者不能传染他人的人（比如接近死亡的时候）。新的感染只能从染病者直接传染给易感者。这样看来，易感者可以转变为感染者，不同的易感者由于传染病的特性和个人体质不同等原因，被感染的概率也会有所不同。

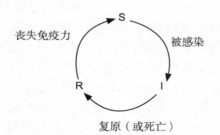

图 6.1　SIR 模型的三状态。每个人都可能是易感者、感染者、恢复者中的一种。易感者可能被感染者感染而转化为感染者。感染者可能恢复或者死亡，若死亡则不参与这个动态循环，若恢复他们可能在丧失免疫力之后再次成为易感者。

显然，谁和谁接触取决于人们之间的关联网络，因此，这个模型还需要一些关于这个网络的假设。标准的模型假设这三种群体之间的联系都是随机的，就像所有的人被均匀散布在一个大桶里，如图 6.2 所示。完全随机的连接，对于人类之间的联系来说，不是一个好的模型，但它能在一定程度上简化分析，帮助我们理解。在 SIR 模型中，随机假设表示易感者和感染者接触的概率仅仅由二者的人数所决定——在假设的大桶中没有所谓的人口结构可言。这不是个小问题，但目前至少可以得出一些只依靠初始的爆发以及一些疾病本身的参数，如传染性和恢复速度等的方程。

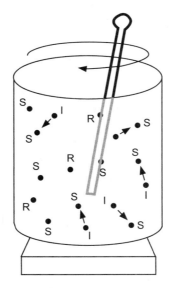

图 6.2　传统的 SIR 模型假设联系都是完全随机的。可以通过把人混合在一个大桶里来理解这种随机联系。在这种随机模型中，个体发生关联的可能性仅取决于数量大小，大大简化了分析。

根据模型，流行病会遵循逻辑规律增长。如图 6.3 所示，每次传染都需要一个易感者和一个感染者的共同参与。因此，新感染取决于这两个群体的人数。在流行病爆发的初级阶段，感染者很少，所以新感染的产生速度也很小（图 6.3 中的第一个图），这时没有足够的感染者来引起太大的破坏。这个缓慢增长的阶段也是阻挡流行病蔓延最关键的时期，只转移、隔离一些感染者就可以避免大规模的传染病疫情。但是流行病在早期阶段是很难辨别的，尤其是有些公共卫生当局不愿承认已经发生问题，更让疫情的判别雪上加霜。

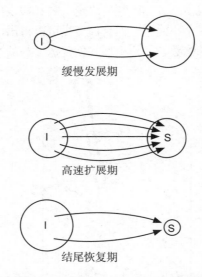

缓慢发展期

高速扩展期

结尾恢复期

图 6.3　在生长模型中新感染的产生速率取决于易感者和感染者的人
　　　　数。当任一方人数很少时（顶图和底图），新感染的发生速
　　　　率就很小；当两者的人数相当都较多时（中图），感染速率
　　　　是最大的。

　　当感染者数量逐渐增大到一定程度不能忽略的时候，流行病疫情就进入了高速扩展期或爆发阶段（图 6.3 中的中图）。现在有很多感染者和易感者，所以新染速率是最大的。此时，疫情已经基本不能控制了。例如2001 年在英格兰的主要地区和苏格兰的部分地区肆虐了半年时间的口蹄疫事件，疫情在二月中旬刚被发现，三个星期之后 43 家农场就受到了影响。43 家看起来似乎很多，其实才刚刚开始，还处于缓慢增长的阶段。到 7 月，在预防性地宰杀了 400 万头牛羊的情况下，受传染的农场数量仍超过了 9 000 个。

　　最终，最不可控制的疫情也会自我终止。因为易感者的人数（或者在口蹄疫中的动物数量）有限，可被感染的猎物越来越难寻找，新感染数终于降了下来。这就是逻辑发展过程中的消亡阶段。在上面的口蹄疫例子中，自我限制的过程由于有效的隔离检疫以及大量宰杀（宰杀的动物中只有很小一部分被查出患有口蹄疫，大概 2 000 头）加速不少。自始至终，疫情的轨迹呈现出典型的 S 形曲线，正如图 6.4 所表现的那样。这个轨迹——缓慢增长、爆发而后消亡——可以由逻辑增长模型解释，这说明决定流行病疫情的力量的基本规律是很简单易懂的。

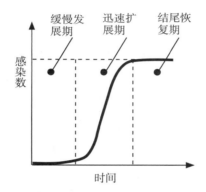

图 6.4 增长呈现出缓慢发展期、迅速扩展期和结尾恢复期。

　　但传染病疫情并不总发生。实际上，大多数疾病爆发都在感染很少人之前，就因人类干预或者自然消亡（这种情况居多）而终止了。2000 年那次恐怖的埃博拉病毒爆发，不能算作真正的流行病疫情，尽管 173 人死亡已经是不小的数字，但疾病仅仅局限在偏僻的一些小村镇里，并没有严重威胁到大量其他易受攻击的居民。而 2001 年口蹄疫的爆发影响了几乎整个国家。在 SIR 模型中，阻止一场流行病疫情，基本就是阻止它进入图 6.4 中的爆发阶段。所以我们应该关注感染增长速率，而不是初始疫情的大小。流行病疫情的关键评价标准是新感染速率，即感染者引发的平均新感染数。

　　成为流行病疫情的数学判断条件，是新感染速率大于 1。如果新感染速率保持在 1 以下，那么恢复快于感染，疾病爆发在成为流行病疫情前就会消失。但如果新感染速率超过 1，患病者人数不但会不断提高，连增加速率都会不断提高，爆发阶段将不可避免。这两种情形的界限或者门槛就是：一个患病者只传染给一个新宿主。防止传染病疫情就是，把新感染速率控制在这个流行病临界值以下。

经典的 SIR 模型忽略人口模型，所以新感染速率以及流行病新感染速率限值仅由疾病本身特性（传染速率和恢复速率等）和易感者人数大小决定。因此在某些地区，提倡安全性行为能够通过控制感染率控制艾滋病疫情，而英国的口蹄疫疫情则通过宰杀易感动物减小易感者数量达到控制疫情的目的。

经典 SIR 模型的临界新感染速率类似于随机网络里巨大组分中（giant component）出现的临界点（见第二章），而临界新感染速率恰巧在数字上等同于网络中邻居的平均值，这个巧合不禁让我们感叹数学是多么有趣。如果将感染者人数表示成新感染速率的函数（见图 6.5），结果正好和图 2.2 中巨大组分的图形相吻合。换言之，流行病的进攻与埃德斯和瑞依在完全不相关的关系网络领域表现出了相似的阶段轨迹。这个非凡的相似点也表明一个明显的矛盾。如果我们拒绝将随机模型作为现实世界网络的表现形式，难道不该拒绝在同样的理论基础上关于流行病疫情的结论吗？新感染速率依赖于易感者数量不能解释人类或者网络结构的任何特性，但可能在对抗传染病疫情时有用处。正如我们将要看到的那样，经典模型在复杂

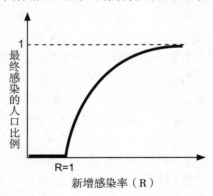

图 6.5　SIR 模型中的阶段转化。当新感染速率（R）超过 1
（流行病临界值）时，流行病疫情就发生了。

的网络世界中有立足之地，而面向网络的新理论也要加以研究。

小世界中的流行病

斯道格兹和我从一开始就对动力学很感兴趣。所以一旦我们有一些网络模型，就自然地想知道不同的动力学系统在它们上面的表现如何。第一个这样的系统是第一章提到的库拉莫托（Kuramoto）振荡器模型，斯道格兹之前在这方面做过很多相关工作。即便是如此简单的模型，它在小世界网络中仍然十分复杂、难以计算（几年后也仍然如此）。因此我们开始寻找一个更加简单的动力学，并且，斯道格兹的生物知识再次发挥了作用。他说："SIR 模型是我能想到的最简单的非线性动力学了，而且我肯定没人做过 SIR 模型在网络环境下的研究，至少不是这样的网络。我们可以试试。"

我们就是这样开始了这些研究，这次我先做了功课。毫无疑问，基本的 SIR 模型简化处理了许多方面，比如特殊疾病的特性和不同人口统计的小组的变化，学界并没有关于小世界网络的研究。这太令人振奋了，就像是发现在经典 SIR 模型和一张随机图表的连通性之间的相同之处一样。无论疾病在小世界网络如何表现，我们可以大致肯定它必须类似于古典 SIR 模型的随机修正行为（见图 3.6 中的第三小图）。到这里，我们不仅有一个已经掌握和了解了的网络模型，也有了用于比较结果的基准。

首先，我们很容易想到让疾病在一维格上传播来打破随机的限制，即小世界模型最有规律、最不随机（$\beta = 0$）时的情形（见图 3.6 中的左图）。在第三章中提到过，格中点之间的连接高度聚集，意味着传染病接连不断地传回给已经感染的病人。如图 6.6 所示，一维格中，一群感染者包含着两种类型：一种是在不会感染其他易感者的、位于群体内部的感染者，一种是处在群体外延或者叫感染前沿的感染者。不论感染者的人数有多大，感染前沿上的人数是固定的。因此，当感染渐渐传播开来，被感染的人口的人均增长率不可避免地减少。所以，这个格和刚才讨论的随机模型有着极其不同的结果，在这个模型里很难计算新感染速率。所以我们只比较二者在传染性上的不同，差异也是显著的。如图 6.7 所示，相同的疾病在一维格中传播时，小世界模型的感染人数远小于随机模型，小世界模型中没有清晰的拐点。这说明，当疾病只能在有限维度——比如两维地理——中传播时,只有最具传染性的疾病才会引发大规模的传染病疫情。那么,这些传染病将是缓慢传播、致命性不高的流行病,不是爆发型的,所以能够给公共卫生当局一定时间做出反应,将病情控制在一定区域内。

图 6.6 在圆形一维格上,感染前沿是固定的。当感染者人
数增加时,更多的感染者处于感染者群体内部,不
会接触易感者。所以疾病在格中传播缓慢。

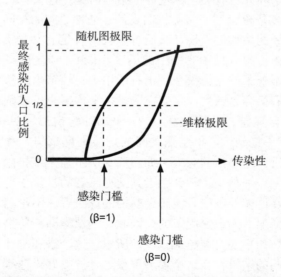

图 6.7 完全随机状态($\beta=1$)和完全有序状态($\beta=0$)的曲线比较,横轴
为传染性,纵轴为感染人数占总人数的比例。图中,感染门槛代表
的是感染一半人数时疾病的传染性。

　　黑死病（the black death）就是这种缓慢传播的流行病的典型示例，它在 14 世纪横扫整个欧洲，带走了大约 1/4 的欧洲人口。即便存在这些难以置信的统计数字，像黑死病这种流行病在今天也是不可能发生，至少不会在工业发达的现代化社会里发生。见图 6.8 的地图，黑死病疫情自意大利南部的一个小岛上开始（据说由一艘中国船只带来了传染源），继而像石头落水的波纹一样传播开来。由于主要靠鼠类传播，从 1347 年到 1350 年的三年时间疫情便横跨了整个欧洲。虽然它传播缓慢，但当时没有任何一个医疗机构或者公共医疗服务单位能够阻止它无情的蔓延，所以和传播快的疾病也没什么差别。而在现代社会中，这样传播缓慢而且方式单一的疾病，很快就能被确定而加以控制。

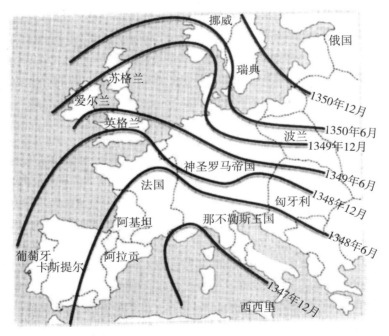

图 6.8　黑死病 1347 到 1350 年在欧洲的蔓延图。

　　随着人类社会的发展，病毒也在发展，当今的疾病传播方法比依赖鼠类传播的方法要先进得多,而且只要我们在刚才的人际网络模型中加入一点点的随机性,相关的结论就站不住脚了。比如,假设图 6.7 中的水平线向上提升,和两条曲线的交点代表着当感染人数到达相应比例时的传染性(图中,我们选择的比例是 1/2,也可以选择其他值)。我们把这个值称为感染门槛(注意:这里已经不用新感染速率来界定流行病疫情了,所以用固定人口比例代替。即当传染人口到达相应比例时,就认为已成为传染病疫情),观察当随机连接比例变动时它的变化。如图 6.9 所示,感染门槛刚开始很高,即成为传染病疫情的门限很高,这是由于疾病必须具备高的传染性来感染更多人,但随着随机连接的比例增加,感染门槛下降也很快。更重要的是,当网络远非随机的时候,就已经接近完全随机连接时的最差情况。

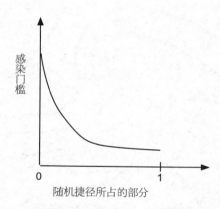

图 6.9　感染门槛和网络中随机连接比例的函数图。

这个结论能够帮助解释,口蹄疫为何在英国蔓延得如此迅速。这就是因为口蹄疫在动物之间的传播,可通过直接接触或通过带有感染动物的排出物和含有病毒土壤的风等间接方式传播。人们希望任何疫情都像 700 年前的瘟疫那样只沿着二维地理的英国乡村蔓延,但现代传输机制和现代牲畜市场(不同地区的动物可以随意进行交换或直接接触)以及休闲远足者携带感染土壤的靴子打破了地域限制。因此,英国的牛羊农场在一夜之间就已经和通向感染动物(和人)的传输网络联系在一起了,而且这些联系都是随机的，病毒只需要找到他们中的一小部分就可以便捷地传播到新的领域。与疫情对抗的早期，人们面对的问题在于，最初发现口蹄疫疫情的 43 家农场并不是地理上相邻的，所以需要同时在很多战线上与病毒对抗，而且战线数量每天都会增加。

随机混合模型的结果即使在高度集中的网络都很容易被复制，对整个世界来说这可不是一个好消息。如果疾病真的在小世界网络上传播，那么我们必须一直面对网络的最坏情况。更令人不安的是，很少有人能够了解当地信息网络以外的信息，所以公共卫生部门很难使个人及时了解来自遥远地区威胁的紧迫性，因而改变他们的行为也非常困难。艾滋病就是很好的例证，艾滋病已经发现了超过十年的时间，人们通常认为艾滋病毒感染局限在一些特定的人群：同性恋、妓女和静脉注射毒品者。所以，只要某人以及他或她的性伴侣不与这三种人发生性关系，这个人就不会感染艾滋病，对吗？不对！现在我们已经看到艾滋病毒感染了南非几乎整个国家，在小世界的性网络里即使是遥远的危险也必须认真对待。尤其令人不安的是，至少还有部分人仍然认为艾滋病毒不能超越其最初的界限。

无疑，没有比"全球化思维，区域化做事"来抵挡流行病疫情更好的方法。传染病不同于前几章讨论的搜索问题，它不遵循广播的传播方式。所以如果易感者和感染者之间有捷径可循，病毒可不会管人类是否意识到了它的存在，甚至是否可以找到它，它会竭尽所能，搜寻每条可能路径将自己传播出去。并且不同于之前章节的 Gnutella 用户或佛瑞斯特夫人的六年级课程，病毒是相当愉快地将自身拷贝并装满整个网络——传染病就是这样做的。疾病传播的现状要比它究竟是艾滋病毒、埃博拉病毒还是西尼罗河病毒更让人担忧。

情况不总是黑暗和绝望的。正如前面所述，疾病爆发并不意味着疫情。小世界网络对此还有令人振奋的事情要告诉我们。在小世界网络中，爆发阶段的关键在于随机连接。疾病在一维格中传播效率并不高，尽管小世界网络呈现出了某些随机性，但它也表现出格的局部性和多数连接聚集的特性。所以，局部来看，疾病的蔓延类似于格：感染者通常只和感染者接触，一定程度上抑制了向易感者的快速蔓延。只有当染病群体找到了随机连接——比如一个埃博拉病毒患者登上了飞机或者一车感染口蹄疫的牛

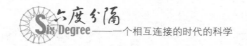

在公路上行驶——时，才会进入随机混合的最差状态。所以，不同于流行病疫情在完全随机图上的传播，它在小世界网络上首先要经历相当脆弱的缓慢增长阶段。而且随机连接越少，缓慢增长阶段的时间就越长。

所以，面向网络的对抗流行病策略是，不仅要努力减少感染速率，更要注重随机连接的发生。针头交换计划就着眼于这两点在控制艾滋病毒在静脉注射者群体中的传播发挥有效作用。把脏针头从流通中移除，不仅消灭了艾滋病毒的一种传输途径，从而减慢了感染速率，同时又减少了随机连接的可能性。脏针头可能在朋友之间共用，也可能被完全不相识的人通过随手捡起一个用过的针头的方式共用，共用的注射器就是一个在疾病传播网络里随机连接的来源。就像英国 2001 年关于动物移动的禁令和国家小径的关闭减少了随机连接的潜在可能性，从系统中消除使用过的针头关闭了流行病摆脱缓慢增长阶段的一种途径，给卫生部门更多时间和机会赶上疾病的发展。

网络结构的一些结论可以帮助理解非网络状态下的流行病传播。最近西班牙物理学家罗米阿多·帕斯特-撒托拉斯（Romualdo Pastor-Satorras）和意大利物理学家亚历桑德拉·佛斯彼格纳尼（Alessandro Vespignani）指出，经典 SIR 模型不能解释真实世界中的计算机网络病毒。在研究网上病毒公布的数据后，他们得出结论：多数病毒"在野生环境中"长期低等级地存在着。这很奇怪，因为根据 SIR 模型，每种病毒都必然传染生成流行病疫情（在这种情况下，大量人口都会被感染）或者很快消亡死掉。但除非新感染速率是 1——图 6.5 中阶段转化的临界点——病毒不可能违反 SIR 模型。然而，814 个计算机病毒中有很多都的确表现出了这样的特点。一些病毒尽管在出现几天或者几周之后就被反病毒软件发现了，但仍能在网上到处游荡好几年。

帕斯特-撒托拉斯和佛斯彼格纳尼提出了一种考虑电子邮件网络环境（假设为病毒传播媒介）特性的解释。假设电子邮件网络遵守巴拉巴西和阿尔伯特的无标度网络模型，这点一年后被一组德国物理学家证实，这两位物理学家认为当在无标度网络上传播时，病毒与标准模型相比表现出不一样的临界值，如图 6.10 所示，当疾病的感染性增加时，感染人数比例从 0 开始连续上升。在无标度网络中，大多数节点只有少数链接，也就是说通常大多数人只将邮件转发给少数其他人。但是，小部分电子邮件用户的联络网很大，可能包含上千个名字或者更多。帕斯特-撒托拉斯和佛斯彼格纳尼认为，就是这些少数人导致了病毒长期存在的情况。只要他们其中一个被病毒感染就可以让病毒在一定程度上继续传播一段时间。

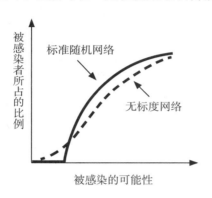

图6.10　完全随机网络和无标度网络中的感染曲线。在无标度网络中没有流行病疫情的临界点。

很显然，即使是真实世界中最简单的特性，比如本地聚集或无标度分布，都可以引起疾病传播上很大的不同，更重要的是，标志成为流行病疫情的分界点也会变得不同。因此关于疾病模型的研究是网络新研究方向的重要部分。在一个成万上亿人都感染艾滋病毒的社会，当非洲某些国家感染的人从2%上升到多于1/3国家人口时，对于研究传染病在网络中传播的重要性是毋庸置疑的。还有很多的工作亟待完成，一些有前景的方向已经开始显现。目前，SIR模型保持在研究的核心部位，一些物理学家转而开始从他们自己的角度研究这个问题。他们带来了关于流行病学的研究，一些关于"渗透理论"（percolation theory）的技术。

疾病的渗透模型

渗透理论的历史可以追溯到第二次世界大战，鲍尔·佛罗瑞（Paul Flory）和他的伙伴沃尔特·斯托克迈尔（Walter Stockmayer）用它来描述聚合物的冻结凝胶作用。如果你煮过鸡蛋的话就会对聚合物凝胶化过程非常熟悉。当鸡蛋加热后，蛋清就会两两相互连接，绑在一起，到某个临界点，蛋清突然发生了很明显的自发的转化，称为凝胶化，原本分散的物质联合起来形成了一个单独的、连贯的聚集体包围了整个鸡蛋。在凝胶化前，鸡蛋是液体，而凝胶化后，鸡蛋是固体。首个成功的过滤理论由佛罗瑞和斯托克迈尔提出，它解释了为什么这种转变是瞬间发生的，而不是缓慢渐进的。这个理论在提出时，是为了解释有机化学问题，后来发现在其他很多领域中都大有用处，比如预测森林火灾的大小、探测地下石油、化合物的导电性等等。最近，它又被用来研究流行病传播问题。

在 1998 年末我到圣菲研究所不久，我和纽曼提到了之前我和斯道格兹所做的关于流行病传播的研究。在 SIR 模型的基础上，我和斯道格兹已经得到了关于感染前沿和随机连接的密度之间有依赖关系的结论，但还不能精确地解释整个机制是怎样运作的以及随机连接密度变化带来的影响。自那时起，我开始自学渗透理论的基础知识，当我和纽曼交流，他对此也产生兴趣时，得到结论的日子就不远了。

设想有一大群人（渗透理论中称为站点，site）彼此相互联系成一个网络，而疾病可以沿着这个网络传播。网络中每个站点在一定概率下可能是易感者，称为占据概率（occupation probability），每条边都根据疾病感染性的不同在一定概率下呈现开或者关的状态，如图 6.11 所示（图示中的网络比现实中的小很多）。疾病可以考虑成一种流体，从某一源站点开始蔓延。起初，流只要遇到开放的链接（边）就会从一个传向另一个，直到没有任何可用来感染的开放链接。如果一组站点满足以下条件，即可以从组中任选的起点传递给所有组中站点，那么这个组被称为簇（cluster），这也就是说只要其中一个站点被感染，就意味着簇中的所有站点都被感染了。

在图 6.11 的左图中，点的占据概率很高而且很多链接都是开放的，暗示着这是一个高度传染的疾病，将使大多数人都置于易感者的行列。这种情况下最大的簇几乎占据了整个网络，意味着在网络中有一个随机点疾病会爆发；而且这个簇会扩展得更广更大。在其他两个图中，（中图的）感染性或者（右图的）占据概率很低，说明无论疾病在哪里爆发都会比较小、比较受局限。把这些极端情形进行中和，就能够得出：各种大小的簇

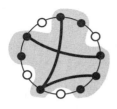  

占据概率与被感
染率都高　　　　　　被感染率低　　　　　　占据概率低

图 6.11　网络中的渗透作用。实心的圆点（链接）表示占据的
（开放的）站点（链接）。阴影部分为连接的簇。

之间可能以复杂连续的概率存在，而疾病传播就由一些特定簇的大小决
定。渗透理论主要就是解决确认簇的大小以及如何受问题中其他多种变量
影响的问题。

　　物理学中认为，形成流行病的可能性取决于是否存在所谓的渗流簇
（percolating cluster）——其中均为由开放链接结合在一起的易感站点，
并覆盖整个网络。即使没有渗流簇，仍然会有疾病爆发，但都是局部的、
小范围的。然而在渗流簇上某站点起始的疫情会蔓延至整个网络，即便网
络非常大。渗流簇开始的点通常被称为渗流点（percolation），这和佛罗
瑞和斯托克迈尔对于聚合物冻结凝胶作用的研究结果十分相似，也和 SIR
模型中传染病疫情的分界点，即新感染速率第一次超过 1（同时也是图成
为随机图的转折点）的点相似。如图 6.12 所示，在这个限值之下时，被
认为是整个人口一部分的最大簇的大小是可以忽略的。但一旦到达临界
点，我们可以观察到突然的、剧烈的变化，渗流簇就像平空出世一样展现
在我们眼前，而疾病就会无限制地在这个网络上传播。

　　疾病可以在网络中传播的距离大小，等同于在第二章全球协调化中提
到的物理学中的相关长度（correlation length）。相关长度的分散意味着系
统进入了一个重要的阶段，即使局部的扰动也会发展到全部。这基本和疾
病传播的渗透模型一致。当渗流点形成时，相关长度变得无穷大，也就是
说距离非常远的节点间也可以相互传染。我和纽曼想研究在小世界网络的

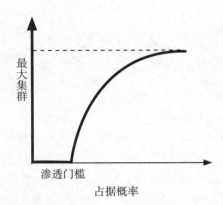

图 6.12 网络中的最大可感染簇。在渗透门槛以上，最大可感染
簇占据网络的很大部分，这表明一个偶然的爆发可以导
致大流行。

框架下相关长度是怎样随着随机连接的变化而变化的。根据两年前我和斯
道格兹的结论，我和纽曼证明了即使很小部分的随机连接也会剧烈地改变
网络中的相关长度。但现在，由于对相关长度分散条件的研究，我们能够
精确地确定渗流点形成的条件，也就是传染病疫情的界限。

网络、病毒和微软

这个结果是一个良好的开端。它至少证明了一些问题：渗流方法能够
比标准 SIR 模型更好地理解流行病疫情。然而，真实网络上的渗流是很难
研究的而且尚未解决，之后的工作更加困难。为了控制分析过程，一般都
假设所有的站点都是易感者，而把分析的重点放在连接上（这里叫边渗
流，bond percolation），或者假设所有的连接都是开放的，然后讨论点渗
流问题（site percolation）。基本上，从很多角度讲两种渗流方法的解决方
式是相同的，从很多方面都表现出相似的特性。我和纽曼先研究了点渗流
问题，不久后和另一个圣菲研究所的物理学家克瑞斯·摩尔（Cris
Moore）把结果扩展到了边渗流问题上。但在某些方面，点渗流和边渗流
给出的流行病疫情的概率有着很大的不同。

　　在得到结论前，我们必须先讨论究竟是哪个版本——站点渗流还是连接渗流——更好地反映了疾病的实质。对于像埃博拉这样的病毒来说，我们应该假设所有的人都是易感者，而重点考虑在何种程度上他们之间可以互相传染。因此，类似埃博拉病毒的渗流模型属于边渗流。而计算机病毒，比如梅里沙病毒，可以很容易地在两点之间传播，或者说连接基本都是开放的，但不是所有的点都是易感者。所以，计算机病毒的渗流模型属于点渗流。以梅里沙病毒为例，仅仅是使用微软 Outlook 邮件收发软件的用户才会感染，当然不是人人都用 Outlook，只是网络中的一部分人。

　　不幸的是，有太多的微软用户喜欢使用 Outlook 来管理邮件，他们相互连接形成了一个渗流簇。如果不是这样，我们就不会看到全球性的病毒爆发，比如梅里沙和它的变种"情书"（the Love Letter）病毒和科尔尼科夫（Anna Kournikova）病毒。软件兼容的确给用户带来了显著的使用便利，但也使得系统更加脆弱，当每个人都在使用同样的软件时，每个人都有了相同的薄弱环节。而且，软件的每个部分都有薄弱环节，特别是大而复杂的操作系统比如微软的 Windows。在某种程度上，梅里沙类型的病毒唯一令人惊异的地方就在于它发生得太不频繁了，如果它真的经常出现——如果微软的软件长时间脆弱——大型企业甚至个人使用者都会无法承受，而去寻找新的替代品。

　　微软应该怎么办？最明显的办法是提高产品的弹性来尽可能地承受任何类型的蠕虫病毒攻击，并在一旦发生疫情时，使防病毒软件可以尽快反应予以对抗。这些措施有减少网络的占据概率（occupation probability）的作用，从而收缩甚至消灭渗流簇。但如果大规模的跨国公司如微软，它们是所有渴望名望和荣耀的黑客的自然目标，还要保护它们的客户和市场份额，它们可能还得多从根本上考虑。一个解决办法可能是把单一的集成产品线转换成几个不同的分别开发的产品，而且在设计时就不完全兼容。

　　从传统强调软件兼容性和生产规模角度看，故意设计为非集成的产品线是很荒谬的。但长期来看（并不是特别长），差异化产品可以减少网络中易感者的数目，整体上使系统在面对病毒的挑战时不那么脆弱。这并不是说微软的产品在面对攻击时会不再脆弱，但至少不会比它的竞争者脆弱。具有讽刺意味的是，在最近和司法机关的反垄断战中，我们看到非集成的产品线或多或少是微软极力想要避免的命运。总有一天微软将会是自己最大的敌人。

疾病传播机制中的微妙区别会在不同的渗流模型框架中体现为完全不同的版本，可能会得到明显不同的结论，这意味着应用物理学方法解决疾病传播问题时需要特别小心。在下一章中，我们将要讨论，如果我们要了解生物群体病毒传染蔓延和社会群体传染蔓延（比如技术创新等问题）扩散之间的区别而要做一些区分，这些区分也将对我们理解对真实世界有重要影响的现象提供帮助。渗流模型可以很自然地应用到网络中，并继续在网络病毒研究中扮演重要的作用。我和纽曼很快就意识到，渗流模型很有意思，然而我要重申一下，巴拉巴西和阿尔伯特在我们之前就做了这方面的工作。

故障和坚固性

就像复杂系统的很多特征一样，全局连通性不能被明确地归为好东西或者坏东西。在讨论传染病或者计算机病毒时，渗流簇（percolating cluster）的存在意味着一次潜在的瘟疫。而在讨论通信网络时，比如互联网，我们就会希望能够保证一个数据包在一个合理的时间内到达目的地，这时渗流簇就成了一个必需品。因此，从保护基础设施的角度看，不管是互联网还是航空网络，我们希望网络的连通性在突发的故障或者恶意打击面前有足够的坚固性。从这个角度来说，扩散模型可能极为有用。

在一系列像互联网、万维网等真实网络被证明是所谓无标度网络之后，阿尔伯特和巴拉巴西开始思考，比起其他的传统模型来，无标度网络是不是具有某些特别的优势。回忆一下，节点的度数在一个无标度网络中服从幂律分布，而在随机图中则服从有一个尖锐峰值的泊松分布。在现实中，这个区别可以被理解为一小部分"富有"的节点拥有非常多的链接，而其余大多数"贫穷"的节点则几乎没有什么链接。现在，阿尔伯特和巴拉巴西感兴趣的是，在一个均匀的随机图中和一个无标度网络中，如果它们的某些节点开始瘫痪，那么整个网络的连通性能保持多好？

如果以连通性来代表网络的坚固性，问题正好可以映射为一个站点渗透（site percolation）问题。但在这里，占据概率所扮演的角色与在疾病传播中恰好相反。纽曼和我主要对被占据站点的作用感兴趣，而阿尔伯特和巴拉巴西却主要关心未被占据的节点——用网络的术语来说，就是故障节点。从坚固性的角度来说，每个未被占据的节点对网络的连通性起的作用越小越好。阿尔伯特和巴拉巴西看待连通性的角度也与纽曼和我不一样。我们只关心渗流簇是不是存在，而他们则想精确地知道一条消息从簇的一端传播到另一端需要多少步。这两者都不是讨论坚固性的普遍方式，但他们的想法显然与互联网这种系统密切相关，在这种系统中不定数的增加会增加一条消息的传递时间和被丢弃的几率。

阿尔伯特和巴拉巴西展示的第一个问题是无标度网络抵抗随机故障的能力要远远强于普通的随机网络。原因也很简单，就是无标度网络的属性，即它主要被一小部分高度连通的中心节点所主导。因为中心节点太稀少，所以在故障随机出现的时候它们瘫痪的可能性要比非中心节点小很多。就像美国的航空网络中少了一个小农村机场一样，一个"贫穷"节点的丢失在它的直接邻居之外几乎不会被注意到。与之不同的是，在普通的随机网络中，连接度最好的节点并没有那么关键，而连接度差的节点也没有那么不重要。结果，每个节点的丢失都比较明显——也许也不算什么大事，但跟无标度网络比起来要明显很多。最近的证据说明互联网实际上是无标度网络，阿尔伯特和巴拉巴西也以此建立了一个模型，来解释为什么虽然一直有单个的路由器出现故障，而互联网却仍能可靠地工作。

但他们也指出，坚固性还有另一个方面。尽管在一些网络中，比如互联网，路由器的故障是随机的，但故障也可以是恶意的攻击造成的，那就不见得是随机的了。比如，即使是在互联网上，攻击的目标也倾向于那些连接度高的节点。再比如，不管是航空网络还是通信网络，中心节点都毫无疑问是潜在破坏者的攻击对象。阿尔伯特和巴拉巴西证实，如果网络中连接度高的节点首先出现故障，那么无标度网络的坚固性事实上远比均匀的网络差。具有讽刺意味的是，无标度网络对于攻击的弱点也正好是让它表现出表面上的坚固性的特点所致：在一个无标度网络中，连接度高的那些节点在保证整个网络的正常工作上要比在一个均匀网络中重要很多。因此最后的结论是模糊的：网络的坚固性高度依赖于故障的特征，随机故障和定向故障会导致截然相反的结果。

尽管这两种故障都应该认真研究，但中心节点的故障偏好性看起来特别重要，因为它不需要蓄意的或者是恶意的攻击。很多基础网络的正常工作主要依赖于一小部分连通度高的节点。由于它们高度的连通性，实际中这些节点的故障率不可避免地高于平均水平。举例来说，在航空网络中，经过主换乘机场的交通量非常大，这使它们更易于发生故障，想必纽约的飞机旅客对这种痛苦的现象早已很熟悉了。在纽约皇后区的拉瓜地机场，来来往往的飞机挤在一起，哪怕是一系列细微的延迟，也会导致停在地上的飞机的航班延误几个小时，甚至是整整一天，而这种延迟在小机场就很容易被航班之间的间隔抵消。事实上，在 2000 年，美国 129 起最长的航班延误事故中有 127 起是在拉瓜地机场发生的！对于拉瓜地机场这种中心换乘点，延误不仅仅会给本地旅客带来不便。主机场的每次航班延误也会间接地给它的目的机场制造延误。所以，主机场处理的航班越多，它自己产生延误的几率也就越大，这些延误在整个系统中回荡的几率也越大。

因此，现代航空网络对主换乘机场这个子网络的高度依赖，导致整个网络特别易于发生大面积延误。但它同时也给出了一个解决的办法。我们大可不必让主换乘站承担把人们从 A 地送到 B 地的全部负担，而是可以把一部分航线从那些最大、最容易出现故障的主站分离到一些小的地方站（它们的航班延误主要是源自主站的一些问题造成的）。在这种安排方式下，阿布魁克和希拉库斯的机场之间就可能会建立直飞航班，而不是先让航班飞到芝加哥或者圣路易斯。而像伊萨卡和圣塔菲那样的很小的机场则可仍旧保持原状。通过降低主换乘机场的有效连通度，网络在整体上仍然会大体保持原先大规模的效率，但却降低了单点故障出现的概率，而且即使主换乘站真的出现了故障，受到影响的航班也会比原来少，网络在整体上遭受的影响也会更小。

回想起来，阿尔伯特和巴拉巴西的结论显然非常精巧。他们关于"网络攻击和故障"的论文上了《自然》杂志的封面，在媒体中引起了一次小小的风暴。我们再次埋怨自己忽视了一个显而易见的问题，然后在斯道格兹的另一个学生——邓肯·卡拉维（Duncan Callaway）——的帮助下，我们开始急匆匆地追赶。卡拉维实际上成功解决了一个比巴拉巴西的小组解决的更难的问题。利用纽曼、斯道格兹和我在研究随机网络的连通性问题时所发明的技术，卡拉维精确计算出不同渗流的变化，而不仅仅是用计算机做仿真。他也成功地解决了关于链接和节点故障的问题，并且展示了他的模型不仅仅可以应用在无标度网络中，而且可以应用在有任意度数分布的随机网络中。总的来说，他的工作非常出色，我们四个人也以此发表了一篇非常漂亮的论文，但最终实际上没有多少差别。我们的发现与阿尔伯特和巴拉巴西基本上是相同的，所以我们得承认，是他们首先思考了这个问题。

幸运的是，把渗流的技术应用于现实世界中的问题是一个很微妙的工作，所以会带来很多有趣的问题。真实的网络不仅仅比任何随机模型——无标度模型或者其他模型——更复杂，而且渗透过程的特征也往往不能用渗流理论中标准的假设来表示。比如，渗流模型中一个典型的假设是所有节点被感染的概率是相同的。但在现实世界，多样性是人类和许多非人类集体的重要特征，甚至在疾病传播过程中，个体之间的抵抗力和得病后的传染性也大不相同。如果进一步考虑了行为模式和环境等因素，个体之间强烈的相关性会使它们之间的不同变得非常复杂。比如，对于性传播疾病来说，高危个体更可能接触其他的高危个体，行为的特点可能有很多社会根源，但显然会影响传染的结果。

更进一步说，个体之间的关联关系不仅仅跟他们的固有特点有关，而且可以是动态的。这可以类比于第一章中讨论的输电网络中的串联瘫痪。如果你计算随机的一些节点的故障率，即使你考虑了它们个体上的不同，你还是会略过问题的一个关键方面：偶然性扮演的角色。记住，1996 年 8 月 10 号发生的电网大面积瘫痪，不是多个独立故障的结果，而是一系列故障的串联，每一个故障都使得下面的故障更容易发生。偶然性的串联、相互依赖的故障要比我们目前已经解决的渗流问题更难建模，但是它们每时每刻都在发生，而且不仅仅是在工程系统，比如电网中。事实上，可能分布最广、最有趣的串联问题存在于社会和经济决策领域。我们接下来要讨论的正是这些重要、精彩和神秘的问题。

决策、错觉、
群体癫狂

我离开圣菲研究所，回到马萨诸塞州剑桥大学，告别了宜人的好天气，开始面对狂风暴雨（我到达的时候，正是弗洛伊德飓风肆虐之时）。此后不久，我开始思考纽曼和我关于疾病传播的研究结果是否可以应用到金融市场的歪风邪气上来。那正是1999年秋天，互联网泡沫达到了疯狂的顶峰。只要有一丝一毫的可能，风险资本就会在人们之间流窜。在我临时的家，麻省理工学院斯隆管理学院，学生们迫不及待地走出学校大门去赚大钱。一开始的热情是如此之高，以至于作为麻省理工学院历来毕业生最大雇主之一的美林证券公司，都要宣称取消每年的招聘计划，因为没有人对他们感兴趣！

面对这股热潮，我当时的一位顾问，金融经济学家安德列·罗建议我可以看看查尔斯·麦凯（Charles Mackay）一本名叫《异常的公共错觉和群体癫狂》（*Extraordinary Popular Delusions and the Madness of Crowds*）的书。正如它吸引人的标题所提示的，麦凯的书是一篇关于狂热的各种表现形式的文章，从对巫婆的审判到十字军远征，通常看上去明智的、往往是受过教育的人最终做出了那些事后难以理解的狂热行为。麦凯很清楚地指出，癫狂症恐怕没有比金钱更好的朋友了。一年后，互联网泡沫崩溃，你很可能得出这样的结论：所有这些现在处于待业状态的工商管理硕士们确实是具有"非凡的错觉"，更不用说许多华尔街的分析师了。

你可能会认为，如此普遍的对于虚无价值的幻觉，只不过是当前日益粗犷和背信弃义的、新的金融环境的特点。不只是 20 世纪 90 年代末对技术的迷惑，还有 20 世纪 80 年代得克萨斯州的储蓄和贷款危机，1987 年10 月的风暴，墨西哥比索危机以及日本和后来韩国、泰国、印度尼西的泡沫经济。的确，在自动结算系统出现之前，在没有全球的、24 小时持续运行的金融市场和如此庞大的、不间断的国际资金流之前，甚至在没有电话、电报和洲际铁路之前，没有基础的、如此迅速的增值是不可能出现的，至少不可能达到如此大的规模。然而，事实并非完全如此。在 1841年就已经有一篇名为《异常的公共错觉》（*Extraordinary Popular Delusions*）的文章发表了，而在那时候，麦凯所考察的这类事情已经存在了200 年了。

郁金香泡沫经济

后来我才从安迪那里得知，金融危机至少与罗马帝国一样历史久远。但是现代社会最早的实例，同时也是麦凯提到的事例之一，就是荷兰的"郁金香泡沫"。这次事件发生于 1634 年。那时候郁金香刚从土耳其引进到西欧，很显然受到了广泛的喜爱。物以稀为贵，郁金香在阿姆斯特丹的花卉市场价格一路飙升。不久，那些专业投机者和"股票批发商"介入，人为地抬高郁金香球茎价格，期望有朝一日仍能以更高的价格卖掉。赚钱变得如此容易，外国投机商的大量资本也纷纷涌入，导致普通的老百姓也被卷入其中，而某种程度上属于日常业务的正常的经济生活几乎被遗弃。据麦凯在书中说，这种"繁荣"到达最巅峰的时候，一种名为 Viceroy 的稀有品种球茎的价值能够等同"8 000 磅小麦，16 000 磅黑麦，4 头牛，8头猪，12 只羊，2 大桶葡萄酒，4 吨啤酒，2 吨黄油，1 000 磅奶酪，1 张

床，1套衣服，以及1只银酒杯"。如果这样你已经觉得很离谱了，那么最贵的品种，"永远的奥古斯"的价值是它的两倍。我一点也没有夸大其词！

如此多的金钱被投入到这种没多少实际价值的商品上。接下来荷兰的境况只能被形容为"怪异"，这一点也不值得惊讶。有的人倾家荡产，只为了能拥有一两株珍贵花种。有形资产变得相对的没有价值，很容易购买，所以买卖和借贷支出都增长得十分离谱。麦凯提到，一时间荷兰变成了"普鲁托斯（希腊神话中的财神）的前厅"。当然，这不可能持久。到最后，郁金香终究仅仅是郁金香，即使是最疯狂的荷兰人也不可能永远欺骗自己。不可避免的崩溃在1636年发生了。郁金香的价格与几个月前的最高水平相比跌了超过90％，这导致已经愤怒的群众变得更加疯狂，他们纷纷努力去寻找替罪羊，但是都扑了空。他们只得开始考虑如何减轻他们那迅速增长的债务。

几十年后，但是距麦凯的书出版仍然还有100多年，另外两个庞大的帝国，法国和英国，几乎同时被金融泡沫袭击。不管是在其起源和轨迹上，还是在它们本国公民受蛊惑的疯狂程度上，都与郁金香泡沫的惨败十分类似。这一次投机买卖的对象是两个公司的股票，英国的南太平洋公司和法国的密西西比公司，承诺的极高回报率史无前例。正如郁金香泡沫那样，投机者蜂拥而至，股票价格飙升，导致了进一步的投机、进一步的需求和进一步价格的上升压力。与在荷兰一样，英国和法国都开始充斥着纸币，越来越多的有形资产被交换，从而导致了巨大财富的普遍错觉并延续着更加不稳定的、盘旋上升的价格。与可怜的荷兰人类似，20世纪90年代末的互联网投机者、一大批愚蠢的人以及他们之间的金钱，泡沫最终破灭，一切错觉和那些曾让人们欣喜的财富消失了。

恐惧、贪婪和理性

那么，我们为什么还没能吸取教训？经历了400年的波折，为什么金融泡沫看似给予人们什么启示的时候已经为时已晚，灾难还是一再爆发。一个偏颇的答案是，贪婪和恐惧如同人类所有特质一样普遍和无止境，它们一旦被唤起，任何理性分析和过往经历都无法抵挡。若不是巨大个人财富的诱惑，成功的律师不会急于为刚成立的网上食品销售公司工作，也不会有那么多聪明的荷兰人在阿姆斯特丹的市场上为了一个郁金香花苞而交易。另一方面，若不是对最终毫无所获根深蒂固的怀疑所带来的恐惧，就不会有那么多互联网公司突然地几乎同时垮台（其中一些公司被认为在合适的环境中，是能够生存下来的）。然而，如果只是一味指责预报金融信息的土拨鼠们（美国民间习俗，用土拨鼠预测气候和收成），责备它们没有提供好莱坞式的大团圆结局，是没有什么用处的。愤世嫉俗者声称我们不可能改变人们，这或许是对的，但是这种言论也并不能告诉我们这些事实的机制，金融危机是怎样发生的，彼此之间有什么不同，或者我们该怎样建立一些机构来帮助人们至少与内心的贪婪和欲望和平相处。

那些关于制定决策的传统经济理论在实际应用中显得力不从心。我们必须记住，经济学是犬儒哲学的对立面。经济学声称人们是自私和理性的。因此知识总是能够削减人类的贪婪，恐惧也就荡然无存。正如亚当·斯密著名的推断，其结果就是，追求个人利益最大化的理性个体，会在一只"看不见的手"的操控下达到一个相对好的集体成果。治理，在这里不止指政府，还包括体制、法规和外部强加的各种限制，其结果很可能只是打破市场的正常运转。虽然斯密有针对性地阐述了国际贸易的政治经济，但是后来他的这套理论被应用到各种市场环境中，包括金融市场，而其前提就是，假设在该环境中不会产生任何危机。

这种乐观的前景并不是完全没有根据的。根据最大化收益的理性个体的基本观点，若没有搞破坏的投机者操控，金融泡沫就不会发生；而搞破坏的投机者又本不应该存在。那么为什么这些事情会发生呢？因为投机者并不是依据事物本来的"真实"价值来买卖资产的，而是依据价格的变化趋势，通常在价格上升的时候买入而在下降的时候卖出。因此，这种特殊类型的投机者通常被称为趋势追随者。与此相对应的是价值投资者，他只在他认为价格低于价值的时候购买资产（而在价格被高估的时候卖掉）。所以，如果资产价格因某种原因从它的本来价值上涨，趋势追随者就开始急于购买，从而付出超过它实际价值的更多价钱。当然，他们这样做就将价格抬得更高，然后以更膨胀的价格卖掉，从中获取利润。然而，有一个卖方就有一个买方（而价值投资者不会对此感兴趣），由此这个买方就犯

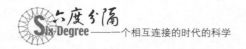
了比前者更大的错误。

最终这条愚蠢者的链条必定会有个尽头，此时的价格将会下降，一些追随者就会赔钱。如果价格下降得足够大以至于它再次低于其真实价值，价值投资者就会再次介入并开始买进，从而以趋势追随者为代价获取利润。无论有多少趋势追随者会盈利，那些利润也都是来自于其他趋势追随者的，所以整体来说趋势追随者总是输给价值投资者的。由于财富在趋势追随者和价值投资者中的净转移是投机的一项基本特征，任何一个理性的人都不会选择成为趋势追随者，因此，市场价格应该总是反映相应资产的真实价值。依照金融学的说法，市场应该总是有效率的。但是如果真实的人们是愚蠢的，那又会怎样呢？传统理论也有对这种情况的解释：即使他们是傻瓜，根据达尔文的物种选择理论，他们将整体损失的事实最终会迫使他们离开市场。价值投资者将从趋势追随者那里获取利润，并知道他们将瓦解和离开。长远来看，只有价值投资者才会最终生存下来。这时秩序将高奏凯歌，再也没有投机，没有超额交易，没有泡沫。

按照上述逻辑，这种理性的必胜，实际上揭示了金融市场中的悖论。一方面，通过利用所有可获的信息，正常运作的市场中完全理性的投资者应该对每件资产的价格达成一种共识，而这个价格准确地反映了资产的价值。没有人会纯粹依据价格本身的浮动来做决策，如果他们试图这样，那最终将被迫退出市场。另一方面，如果每个人都理性地行动，那么价格总是追逐着价值，因此没有人可能盈利，即便是价值投资者。结果就是不仅没有泡沫，而且也没有交易！对于市场理论来说这是一个在某种程度上有问题的结论，若没有交易，市场将没有办法率先将价格调整到它"正确"的价值上。

审视理性逻辑的另一个角度，是以史为鉴。这种观点认为，上述理性逻辑，很大程度上是与实际金融市场运作无关的。毋庸置疑，人们试图最大化收益，而投机者经常赔钱，很可能发生的情况就是经过足够长的时间，所有的投机者将最终倾家荡产，即便是那些偶尔盈利的投机者。这就好像赌徒在赌场一样，一些人可能赢了一时，但最终唯一的真正赢家是赌场（这或许也正可以用来解释，为什么人们不断地修建赌场）。人们无法停止投机正如他们无法停止赌博一样。

那么如果人们既不具有严格经济学意义上的完全理性，又不是在意识上完全无法控制，又会是怎样的呢？即使是最不可理喻的投机者也有办法来控制疯狂的行为。至于我们这些人，大多数情况下只是努力渡过危机，利用现有环境尽可能避免灾难。这听起来还不错，并不像是一个非常糟糕的、反复无常的混合状态。然而坦白地说，大多数时候也并不是这样的。事实上，当泡沫和风暴开始显现时，金融市场通常表现得相当平静，即使是面临政府变革和恐怖袭击这样的外部事件，尽管对此人们可能认为应该有所响应。这样看来，金融市场的真正奥秘在于它既不是理性的，也不是非理性的，而是两者兼顾，或者两者都不是。无论属于哪种，当大批普通百姓走到一起时，多数时候他们的行为是相当合理的，但某段时间他们会像疯子一样。金融危机只不过是这样一类正常、合乎情理但是偶尔发生异常行为的现象的例子之一。这些现象是群体、暴徒、人群，甚至整个社会都会表现出的。

集体决策

在我开始研究金融危机起源之前不久，已经开始研读另一个吸引我的课题：合作行为的演化。合作是一种常见的人类行为特性，它通常被错误地认为是人类与动物的一个主要区别。但是自然合作行为的起源实际上是一个已经困扰很多代思想家的悖论，包括哲学家和生物学家等。简而言之，这个悖论就是为什么自私的人类，会在这个世界上表现出非自私的举动，在这里与他人做一些事情从来就是不值得的，而且是很容易被利用的。

想象一下，如果你跟一群朋友去一个很好的餐厅用餐，假设事先约定，最后你们将平摊费用。菜单提供了很多种的选择，包括平价的意大利面和昂贵的菲力牛排。如果每个人都点了一份不错的餐品，到头来那将是一个十分奢侈的夜晚，那么很自然的你会帮大家一个忙，点一份意大利面。另一方面，如果你点了牛排，而你的朋友点了意大利面，那你将以几乎一半的价钱享受一份很不错的晚餐。也许更重要的是，如果你不点牛排而朋友点了，那你很可能付了一大笔钱而只吃了一碗糟糕的意大利面。所以，当你们坐在那里考虑着自己的选择的时候，问题就是你如何权衡自己

与朋友的利益。

正如这个博弈已开始表现出来的有趣现象一样，"餐桌悖论"实际上是众多社会悖论的例子之一，它是由纳塔利亚·格兰斯（Natalie Glance）和伯纳多·休伯曼（Bernardo Huberman）这两位物理学家提出的。社会悖论，也就是著名的公共物品博弈，处理集体利益的相关问题，例如回收服务或大众运输系统，这些事物的存在，需要相当大比例的人们为社会做出贡献，即使有更容易、获利更多或者更自私的选择存在（例如，自己驾驶而不是乘坐公交）。为了说明社会悖论中固有的困难，我们以税收作为例子。政府服务的存在，如医院、公路、学校、消防、警察、运作良好的市场、法庭以及法律本身（几乎所有国家都是这样）都依赖税收，我们可能抱怨政府效率低下，但没有这样一些主要公共服务任何社会都不可能长久存在。因此赋税显然对每个人都有好处，某种程度上不赋税的话我们会发疯。格兰斯和休伯曼指出世界上不止一个国家赋税是一种自愿行为。

难道我们连做这些明显对我们（集体）有好处的事情都不能被信任吗？根据公地悲剧（tragedy of commons）这个 20 世纪 70 年代政治学家加雷·哈丁提出的十分有影响力的理论，答案似乎是否定的。该理论描绘了一个工业化之前的村子，村子周围环绕着一大片共有的土地，称之为公地。村民们利用这片土地来放牧，从而能够剪羊毛、挤奶或者屠宰牛羊来维持生计获取收益。公地不被任何人占有或掌控，由大家自由使用，但是这片土地上额外放养的羊或牛所带来的收益，只是归拥有此牲畜的村民所有。因此所有人都有动机去增加自己的牛群或羊群，从而获取越来越多的个人利益，而不会增加他们的放牧费用。

我们可以看到情况将会怎样发展。最终，公地因为过度放牧，到一定程度再也不能够供养任何家畜，所有人的生活都受到影响。如果村民们之前能够适度放牧，就不会有这样的问题发生，公地将能够自己维持生态平衡，人们可以永久地生存下去。但是即便没有其他村落要去破坏这种乌托邦平衡，它自己本身就不能保持稳定。即使当每个人都开心地做着正确的事情的时候，自私的村民（他们都是自私的）总是想要去多增加一只家畜到自己的牧群。没有人会去阻拦他，也没有人会去抱怨。这样他不需要有任何花费，就将变得越来越富有，能够更好地维持自己的家庭。公地不会马上消失，没有人会在这么大的牧场中，注意到多出了一只羊，所以为什么不这样做呢？

确实如此。以莎士比亚关于死亡不可避免的观点来看，这的确是一场悲剧。没有人做任何疯狂的事情。事实上，出于他们对世界的认识，他们会愚蠢地（或者至少是不理性地）做不同的事情。无论即将到来的是多大的灾难，游戏者依然沿着毁灭的道路前进，陷入他们的个人利益中，而导致集体的灭亡。顾名思义，哈丁的理论提出了一个对世界的严峻看法，这是不容忽视的，因为它让人想起了现实世界中如此多的悲剧：长期毫无意义的战争，世代延续的陈规陋习以及被毁坏的、不可替代的环境。不管我们多么希望这些事情不要发生，但是这可悲的事实却正是我们按照自己的意愿行事而造成的结果。就像餐桌悖论一样，公地悲剧呈现了个人主义不可避免的困境，这些人看重自己的利益，仅仅能够控制自己的决策，但是又不得不同其他人的决策共存。

信息级联（Information Cascade）

但是并非所有困境都必然以灾难告终。正如文化狂潮能够席卷原本冷漠的人群一样，社会规范和机构也能够改变，有些时候看上去是非常突然的。正如今天看起来十分平常的事情一样，从塑料瓶到报纸，这些家庭材料回收是一个相对来说比较近期的现象。不到一代人的时间，许多西方工业国家的人们改变了他们的日常行为方式，来应对遥远的环境威胁，这些威胁原本是微不足道的。回收利用的思想是怎样上升成主流社会问题的？我们今天已经如此坚定地坚持这个想法，以至于即使有很多不便，我们都不再怀疑它的正确性。

或许这只是因为平常回收一些易拉罐并不是很不方便，所以习惯上的改变相对来说成本不是很大。但是即使个人因素的作用很大，突然的社会变革也还是能够发生，正如1989年耸人听闻的超过13周的莱比锡公民示威游行，那时候他们每周一走上街头抗议他们在当时民主德国共产主义政权下受到的压迫——起初是几千人，随后是几万人，再后来是几十万人。虽然现在他们已经被遗忘了，但是莱比锡游行也许可以认为是历史上真正的转折点。不仅是因为他们成功推翻了民主德国社会党，而且他们也导致了三个礼拜后柏林墙的倒塌以及最终德国的统一。与众多在他们之前的革命者一起，莱比锡游行者表明了合作的非自私行为能够在普通群众中自发出现，即使潜在的代价是巨大的，如监禁、人身伤害甚至死亡。到 1989年底，事实上莱比锡已经作为英雄城市闻名民主德国。

如果最强硬的命令和最无法妥协的困境也会突然间崩溃，那接下来会怎样呢？如果最确定的状态也会如此意外地破坏，面临不断的打击、噪音和干扰，那该怎么从外面维持本身状态呢？像我之前的许多研究者一样，我着迷于这样的课题：合作行为作为一个站在自己权益一方的问题，有着怎样的起源和先决条件。但是，圣菲研究所一份又一份的文稿使我不断整理思路，或者漫步在麻省理工学院的小路上，寻找一个体面的咖啡馆去坐下静思。我慢慢发现我所关心的所有问题，无论是文化狂潮、金融泡沫还是合作的突然崩溃，都是同一类问题的不同表现形式。

用匮乏的经济学语言来说，这类问题被称为"信息级联"（Information Cascade，此处译为"信息级联"，其原意为流、瀑布，但是都不能完全表达此处的意思。请读者联系上下文加以体会——译者注）。在这种情况下，人类中的个体基本停止了个体行为，而是更像协调的群体一样开始活动。有时候信息级联会发生得很突然，莱比锡游行从酝酿到爆发仅仅几个星期。有时候它们发生得很缓慢，新的社会规范需要很多代人的努力才能够普及，例如种族平等、妇女选举权和对同性恋的宽容。然而信息级联的共同点就是，一旦有一点开始，它将会自己延伸，也就是说，新成员的加入，很大程度上是和之前的成员一样受到了相同力量的吸引。因此，一个初始震动能够波及很大范围，即使这个震动本身是很微小的。

因为它们通常具有壮观或重要性的特点，级联容易造成具有新闻价值的事件。虽然这是容易理解的，但是这种对行动的偏爱，往往掩盖了这样的事实，级联实际上是很少发生的。民主德国的人民确实有很多理由对他们的当局者不满，但是他们忍受了 30 年，直到一个特定时间（1953 年）大规模的暴动才发生。虽然有那么几天，球迷群众摧毁了体育场，或者股票市场崩溃，但是大多数时间他们都是正常的。虽然哈利·波特不知从哪轰动起来，吸引了大众的主意，但是成千上万的图书、电影、作者和演员在嘈杂的、无特色的现代流行文化中完全默默无闻地生活着。所以如果我们想要理解信息级联，就既要说明小震动怎样偶然地改变整个系统，又要说明为何大多数时间它们并没有发生。

从表面来看，信息级联的不同表现看起来是十分不同的，例如文化狂潮、金融泡沫和政治变革，对这个问题的理解是十分重要的。为了获取其中的基本相似点，必须去除环境的差异，穿越不相容的语言障碍，克服术语难题和晦涩的技术难题，但是一个共同的线索确实存在。在我关注一个又一个问题数月之后，粗略的概要开始在我脑海中形成，就好像从一点开始逐步展开描绘一个人的肖像。然而这是一幅难以捉摸的图画，需要将来自经济学、博弈论，甚至实验心理学的想法拼凑起来。

信息的外部性

19 世纪 50 年代社会心理学家索罗门·阿斯奇（Solomon Asch）进行了一系列令人惊奇的实验，而阿斯奇正是米尔格拉姆的导师。阿斯奇的助手将 8 个人集中在一个类似小电影院的房间里，并且连续放映了 12 张幻灯片，显示的是不同长度的垂直线段，很类似图 7.1。在放映幻灯片的同时，助手提出了一个简单的问题让实验对象轮流回答，例如"右边三条线段中的哪一条在长度上与左边的线段最为相近？"问题的答案非常明显（在图 7.1 中答案毫无疑问是 A），但是每一位观众事先都被指示要给出错误的答案。

这种情况令实验对象陷入了一种不可思议的困惑中。我知道这个事情是因为我在耶鲁大学进行信息连锁反应的演讲时，一位观众（现在是经济学院的一位著名的教员）说他是一个阿斯奇的实验对象，那时候他正在普林斯顿大学学习。一方面实验对象用自己的眼睛可以清楚地看到线段 A 与线段 C 在长度上与左边的线段更为相近。但是 7 个和他一样理智的人都自信地说答案是 B。7 个人怎么可能同时出错呢？显然，多数实验对象认为自己不会犯错。有三分之一的实验对象违背了自己的判断力，接受了一个一致同意的答案（应当说明我的这位观众还是坚持了自己的观点）。但是他们的思维并没有停止。阿斯奇的报告指出，人们在面对需要违反自己的判断而做出相反的决策时，可以观察到明显的苦恼表现，比如大量出汗、过分焦虑等现象。

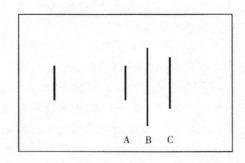

图 7.1 在阿斯奇的关于人类面对群体压力做出决策的实验中测试问题的图示。相应问题可能是"右边三条线段中的哪一条在长度上与左边的线段最为相近?",正确的答案很明显（这里的答案是 A），但是 8 个实验对象中的 7 个都被指示给出了错误的答案（说答案是 B)。

　　但是为什么我们的想法在很大程度上取决于别人的想法呢？经典的经济学再一次告诉我们，这是不可能的。经济决策制定的通常模型认为个人考虑的每一个选择都可能产生一定的效用，这部分决定于个人的偏好。因此，具有相同偏好的两个人可能喜欢或者讨厌同一种东西，但是如果偏好多种多样，人们对同一种东西的态度就不一样了。然而，一个人在多大程度上想拥有某个事物，这总是非常明确的。但他们是否能够达到目的是未知的。

　　这正是市场作用的机理：人们制定价格使商品的供需达到平衡，从而确保每个人都能在自己的期望程度上得到想要的。如果许多人需要同一种东西，价格就会上涨，可能涨到一些人都不再需要的程度（因为他们想要其他的东西，例如金钱）。但重要的是，别人的意愿实际上不能改变我们对某种商品的需求程度，同样也不能改变商品为我们带来的效用。偏好是固定不变的。市场所能够确定的，只不过是在能够满足的条件下商品的价格。在做出行动策略的决策时，这将会变得更加复杂。竞争者在制定行动计划的时候会考虑别人的偏好。因此，你的需求会影响我的决定，但是不会影响我的需求。在这样一个超理智的世界里，询问你的朋友对一件事情的看法，这是毫无意义的，因为他们不会告诉你什么东西的。他们的偏好不会影响你的偏好。

但是回到现实世界中，我们遇到的许多问题或者太复杂或者太不确定，以至于我们不能判断出哪一种抉择是最好的。当我们决定是否要采用一种复杂的新技术或者雇用一位特殊的职员的时候，我们缺少足够的信息。有些情况下（如在股票交易市场），我们可获取大量的信息但不能有效地进行处理。想象你走在一个陌生城市的街道上，寻找一个吃饭的地方，这时你看到两家相邻的餐馆，几乎是一模一样的菜单、价格，甚至连装饰风格都一样。但是其中一个餐馆很热闹，另一个就很冷清。你会选择哪一个呢？除非你不喜欢喧哗或者同情空荡荡的餐馆里站着的服务员，在缺少信息的情况下，我们大家的选择都是一样的，去人多的那一家。毕竟，那么多人怎么会犯同一个错误呢？

阿斯奇的发现似乎类似一群鸟的飞行。人们在面对各种各样的选择时，无论是选择学校还是选择电影，都会通过观察和模仿别人的行为来尽量减少潜在的风险。即使在不公开的事情上，我们也很少表现得特别异类。有时，我们会考虑到我们想模仿的少数人。因此，传统的与非传统的人之所以不同，并不是因为非传统的人不注意别人，而是因为非传统的人不效仿别人。

阿斯奇在实验中所发现的看起来是解决问题的一种深层机制，这与经济学家所持有的对人类理性的观点是不同的。毕竟，纯经济理论做了一些对于人类行为能力的大胆假设。例如战略理性者被假定非常清楚自己的偏好和别人的偏好，而且每个人都知道其他人也知道自己所知道的。理性行为人会采取行动来使自己的收益最大化，其他人同样如此。

当然，并不是经济学家真的认为人有这么聪明。这只是他们的假定。通常的推理是不根据理性期望来行动的人会比别人做的差。无论不同的战略是不是有目的性的，人们总是学着去做出理性行为。因此，重要的是行为是从理性期望中得到的，而这正是体制所交汇的平衡点。人类行为理想理论的发展使得这一观点具有一定的吸引力。事实上，完全从美学的角度出发，新古典经济学家的大部分理论是完美的，但是从投机者的身上可以看出，它所描述的世界和真实的世界并不一样。

在第四章中，我们提到过西蒙。他在 19 世纪 50 年代就指出过，尽管理性效用最大化理论在数学上能够得到证明，但它最终只是一个假设的理论，只能成为对人类行为的一种描述。如果经验表明人们并不是理性行为者，那为什么没有更加合理的理论诞生呢？用直觉来代替数学工具，西蒙说，人们试图理性地采取行动，但是他们被认知和获取信息能力的有限性所束缚。总之，人们表现出来的正是西蒙所称的有限理性。

所以，阿斯奇对人做出决策的观察正是对有限理性的一个最好的证明。因为我们经常不能确定行动的最佳路径而且缺乏自己做出决定的能力，我们已经习惯于关注其他人的行为，认为别人知道的东西比自己知道的要多。我们几乎例行公事地这样做，非常重视别人的行为，即使答案一目了然。

一个人的经济行为会被交易之外的事情所影响，经济学家将其称之为外部性。通常来说，经济学家将外部性看作单纯市场交易规则的一种例外。但是如果要认真考虑阿斯奇的实验结果而且根据日常生活经验，我们所说的"决策外部性"是无处不在的。在和阿斯奇的实验类似的情况中，外部性来源于我们对客观世界认识方面的局限性和我们处理信息能力的有限性。我们将其用一个更好的术语来描述，那就是"信息外部性"。

强制外部性

虽然阿斯奇的实验对象的真实想法明显受到误导，一些实验对象被迫接受一致认同的答案，但是私下他们的想法还是没有改变。正如阿斯奇所说，这种感觉到的压力并不是虚幻的。在只有一个实验对象被迫给出错误答案的时候，不知情的大部分观众实际上都在嘲笑他。因此，强制外部性产生于类似信息外部性的决策环境中，有时候两者甚至难以区分。例如，团伙犯罪被解释为，意志薄弱的青少年被同龄人所影响进行暴力行动来证明自己在伙伴中的重要性。在这里，信息仍然起着很大的作用。如果在一个年轻人心里，经济和社会上成功的杰出榜样是帮派的头目，那么为此要他去犯罪，他也会违反常理去犯罪，而且自己还不认为是被强迫的。

用别人表达出来的观点去改变另一个人的观点，并不局限于意志薄弱的人或者消息不灵通的人。在对于19世纪60年代到70年代联邦德国的两次大选的研究中，政治学家爱丽丝博兹·诺里诺伊曼（Elisebeth elle—

Neumann）指出，在竞选的过程中，政治家们的宣传都有一个共同的特点，那就是，强调多数派意见的声音越来越大。在这里关键词是"认知"。正如诺里诺伊曼所说明的，对两个政党的支持程度几乎保持不变，变化的是个人对大多数人想法的理解和个人对哪个政党将获胜的预期。在诺里诺伊曼所称的"螺旋式沉默"中，少数派将变得越来越不愿意公开自己的想法，从而失去了发言的积极性。

但是，投票终究是个人行为，所以选举前的竞选演说的作用，似乎就不那么重要了。然而，诺里诺伊曼指出，事实其实并不是这样的。她最惊人的发现就是，在选举当天，最有希望获胜的一方并不是人们内心里所支持的，而是人们的预期当选者。因此，别人的观点似乎能够影响自己的决策。即使是在没有干扰的选举中，自己也会受到别人的影响。从阿斯奇的实验以及对于犯罪行为的扩散的研究中，我们仍然不清楚，究竟是什么原因驱使着诺里诺伊曼所说的"螺旋式沉默"，以及什么力量影响了个人的最终决定。但是很有可能，强制外部性和信息外部性两者都在起作用，而且决策外部性也还可能有其他的形式。

市场外部性

受到 19 世纪 70 年代的高科技浪潮的冲击和影响，经济学家们开始关注随着使用人数的增多会越来越有价值的商品。例如传真机和汽车、复印机是一样的，都是私有的、自己用的。但是与汽车和复印机不同的是，传真机的使用价值在很大程度上取决于拥有传真机的其他人。除非你想成为第一个拥有最新设备的人，否则第一个去购买传真机没有任何意义。但是随着越来越多的人进行购买，它们的使用价值越来越大，最终从一项技术创新转变为实际的必需品。

因为类似传真机这样的产品的一部分效用，是从其他设备中得到体现的，购买的选择表现出外部性。但是，购买传真机的决策外部性与阿斯奇实验中的认知或者强制外部性并不相同。虽然在选择购买机器的时候，我们经常需要听取精通技术的朋友的建议（即利用信息外部性），但购买传真机的决策主要是一种经济预算，这只取决于成本和效用。对于类似传真机这样的产品，我们提到的市场外部性是指，产品的效用取决于销售的数

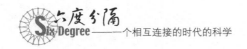
量。而且，随着技术的普及，成本也在不断下降（顺便说一下，经济学家更喜欢"网络外部性"这个词，因为所有的决策外部性都来自于社交网络的影响，"市场外部性"这个词可能有点模糊）。

市场外部性经常被经济学家说的互补性所强化。两种产品或服务是互补的，如果一种产品会提高另一种产品单独使用的价值。例如操作系统和应用软件是互补的。如果没有另一方，自己就毫无价值可言。被互补性扩大之后的市场外部性可能会产生一种被称为"收益递增"的正面效果，这与第四章中提到的马太效应有点类似。安装特定操作系统的计算机越多，对应用软件的需求就越多。而且一种操作系统的可应用软件越多，对装有这种操作系统的计算机的需求就越大。事实上，这正好可以说明微软是如何占领个人电脑市场的。因为微软是操作系统市场上的领头羊，在开发与其操作系统兼容的软件方面具有先天的优势。这样，它就抢占了操作系统和软件应用市场的大部分份额。相比之下，苹果公司总是占据操作系统市场的一小部分，因此，苹果公司的用户在应用软件上的选择余地要比微软的用户也就要小得多。

合作外部性

决策外部性的产生，是因为现实世界的不确定性使得我们从同伴那里寻求信息或者建议（信息外部性），甚至被迫直接接受他们的想法（强制外部性）。外部性也可能在确定性的情况下出现，因为决策主体是为了增加收益。但是还有一种特殊的决策外部性，它来自公共物品的博弈，比如餐桌悖论和公地悲剧。

这些博弈作用的方式是为了公众利益做正确的事情，不惜牺牲自己的利益。比如循环利用自己的塑料制品，不在拥挤的街道上并排停车（即使只是停一分钟），或者是喝完最后一杯咖啡后把咖啡壶倒满。从公共角度出发，如果有足够多的人做了正确的事情，那么每一个人都会享受到利益。世界上的自然资源不会耗竭，街道不会拥堵，咖啡壶里永远都有咖啡。但是从个人的观点来看，如果别人都在做正确的事情，无偿享受公共资源的利益会是一个诱人的选择。甚至更坏的情况是，如果没有人做正确的事情，那么尝试的意义在哪里呢？这会使你付出很大的努力，但不会为任何人带来好处。

困境的实质在于决策是由个人做出的，而不是集体。因此，社会悖论的大多数策略都考虑到，个人可以从自身角度出发来完成对大家都有利的事情。政府通过制定法律来强制市民履行自己的义务。市场以一种完全不同的方式来解决这个困境，即将所有事物实行私有制，所有者可以自由地进行交易。正如亚当·斯密所说，市场可以利用个人的自私来获取更大的收益。

但并不是所有的事情都能被政府有效地控制，并不是所有的事情都能通过交易来解决。我们也没有必要这样来做。如果一个世界政府没有力量去征服所有的国家，就不会有强制性的国际条约（如果不能对拒绝合作的国家进行制裁）。因为许多国际条约关注的是密不可分的实体，例如海洋和大气。几乎不可能单独依靠市场力量使个人利益与集体利益达成一致。要通过各个国家之间的合作来达成并维持国际条约，进行国家之间利益的协调。即使用经济制裁来惩罚一个国家，也需要别的国家的合作。

虽然在没有中央政府或市场管制的情况下，集体合作很难发生和保持，但无论是在国际环境中还是在社区、公司和家庭中，集体合作还是都在发生着。尽管对于合作出现的条件至今尚未达成共识，但过去 20 年的理论和实际工作还是起了很大的作用。这些解释的核心是要有两个基本的条件。第一，人是关注未来的。第二，人们必须相信自己的行为能够影响别人的决定。如果你从现在开始一点都不关心周围发生的事情，那么你的行动始终是自私的。只有在未来足够重要的情况下，短暂的牺牲才是值得的。但是，只关注未来还不够。只有当你确信你对于集体利益的关心能够导致更多的人来参与的时候，你所期望的未来的利益才能实现。而如果你想知道自己能产生多大的影响，唯一的方式是关注别人的行动。如果足够多的人参加同一项活动，你就可能认为这是值得参加的，反之亦然。所以最终的结果是，是否合作在很大程度上取决于"合作外部性"。

社会决策的制定

不管我们是在做什么，人在做出任何决定的时候，无论是大事还是小事，一定会关注别人。但这并不是我们想要的。我们认为自己有能力根据

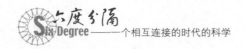
自己的判断做出决定。尤其是在美国，个人崇拜有着相当多的追随者，统治着我们的直觉和制度。人被看作是独立的个体，他们的决定被当作是他们真实想法的一个反映。

这是一个很好的解释，在理论上人被看成理性最大化的个体，而且每个人都为自己的行为负责。但是，人为自己的行为负责和相信这些解释是两回事。不管我们是否意识到这一点，我们很少独立地做出决定。我们经常被周围的环境、生活经历和文化所制约、所左右。我们不可避免地会被大量的信息尤其是一些媒体上的信息所影响。实际上，我们在做决定的时候，仅仅依靠自己的经验是不够的。在这里各种外部性，包括信息的、强制的、外部的和合作的，都在发挥作用。人终究是社会生物，如果忽视了社会信息的作用，忽视了外部性的作用，那我们的做事方式就是有问题的。

我最近在报纸上读到一篇关于纹身的文章，说是年轻人纹身已经成为一种流行趋势。根据对这些年轻人的调查，他们纹身并不是为了和父母作对，也不是因为朋友的影响，而只是为了满足自己。正如一位女士所说："因为这就是我想要的。"可能是这样，但这个表面的解释刚好又引出一个问题，为什么她要这样做呢？这位女士很坚定地认为这是独立的选择。然而这些貌似独立的决定其实不是独立的。每一个决定都会受到流行趋势的影响。这种现象也在其他社会领域中发生了。为了弄清这种现象，我们必须深入理解个人做决定的原则，而且，要明白我们看似独立的选择是怎么不可避免地趋于一致的。

第

章

阈值、信息级联
和可预测性

2000 年，美国科学促进会在华盛顿召开。我跟斯道格兹讨论了很多关于信息级联的问题（cascade，在此处译为级联，说明见第七章——译者注）。也就是在那次会议上，怀特关于关联网络中各种社会语境的报告，导致我们和纽曼开始了一个关联网络的研究项目。会议期间，我和斯道格兹在星期天早晨去国家动物园闲逛。天气很冷，我们一边等待猴子睡醒，一边讨论信息级联问题。我们一致认为这个问题中最为吸引人的特点在于，在大多数情况下，系统即使在频繁的外部冲击下也能保持完全稳定，但是有些时候，在原因极不明显的情况下，一个普通的扰动会突然以信息级联的形式爆发。

这样看来，信息级联产生的关键在于外部性。比如在选择自己的言行或者某种商品的时候，影响一个人决策的不仅仅有他过去的经历、判断能力和个人成见，还有其他人的决定。所以只有结合决策的这种外部性来理解集体中的决策动力学，我们才能理解像时尚、金融泡沫这类集体行为。问题的核心还是在于网络。这个无处不在的信号传递和个体交互的网络，使得一个人的行为影响到另一个人。我和斯道格兹以前已经对网络中的传播性实体进行了许多思考，但当时我们的大部分讨论都假设传播的实体是生物传染病或者类似的东西，比如艾滋病毒、埃博拉病毒或计算机病毒。作为博士学位科研论题中的一部分，我曾在小世界网络中合作的演化方面及选举模型（与诺里诺伊曼提出的"螺旋式沉默"问题相似）这些具体案例上做过一些工作。但在那时，我们还没有思考过这两个问题与传播的联系。

现在看来，正如传染造成疾病的流行一样，网络中的传播现象，在合作的突现或者市场泡沫的破裂等问题中，俨然处于核心位置。只是它们不是同一种传播，这一区别非常重要。因为我们在讨论社会传染问题的时候，通常会借用传染病中的术语。我们会把思想称作"传染源"，把犯罪潮称作"流行病"，把市场保障称作为财政困难建立"免疫"。将这些名词作为隐喻来使用本来也无可厚非，毕竟它们也是常见的词汇，而且能很生动地表述出一般性的概念。但是这些隐喻也很有可能带来误解，因为它们容易让人们觉得思想的传播也跟疾病一样是从一个人到另一个人，或者说所有的传播在本质上都是相同的。然而，它们在本质上是不同的，我们再好好地想一下决策时的心理特点，就很容易明白这点。

决策的阈值模型

假设你跟另外 7 个人一起参加阿斯奇的实验（见第七章）。在这 7 个人中，部分人被事先安排好，在实验中选择正确的答案，比如 A；而另一部分人则被故意地安排为选择错误的答案，比如 B。当然，你并不知道这些安排。乍看起来，这对你没有什么影响，因为你一看幻灯片上的题目，马上就能非常自信地得出正确的答案 A。但是，在你说出你的选择以前，你必须等待其他人回答完毕。在这段时间中，你可能会改变主意。想象一下，当这 7 个人中的 6 个人都选择 A，只有 1 个人选择 B 的时候，你会更坚定自己的选择。很明显，选 B 的人是个傻瓜，他的选择只会让大家大笑。这时候，你肯定不会改变自己的选择；当两个人选择 B 的时候，可能也还不会有什么不同，你仍然会认可大多数人的选择并坚定自己开始时候的观点，而没有理由来怀疑自己。然而，当 3 个人或者 4 个人选择 B 的时候，你可能

第**8**章
阈值、信息级联和可预测性

就开始担心了：这到底是怎么了？为什么这些人的判断，会在如此明显的问题上出现偏差？我是不是忘记了考虑某些东西呢？可能现在你已经没有那么自信了，如果你是一个容易产生自我怀疑的人，你可能就会改变选择。当然你也可能对自己的答案仍然非常自信，而没有因此改变想法。可是，假设现在有 5 个人或 6 个人，甚至全部 7 个人选择的都是 B 呢？

你的选择在什么时候会崩溃？你的精神什么时候会屈服于其他人而承认自己实在不理解这个其他人都理解的问题？可能永远不会。一些人从来不改变主意，但是一旦我们存有哪怕一丝的犹豫，我们中的大部分还是会改变的。这正是阿斯奇的实验要告诉我们的。如果更仔细地分析一下他的结果，我们还能发现更有意思的现象。通过改变参与实验的总人数，阿斯奇证明实验主体的倾向是否服从于多数人的观点与参与实验的人数关系很小。到底是有 3 个人还是 8 个人选择某个特定的答案并不重要，唯一重要的是大家的观点是否全部一致。阿斯奇还注意到，一旦这种一致性出现裂痕，哪怕很小，比如群体中有个成员被事先安排成选择正确的答案，此时与被测试主体选择一致，那么被测试主体的信心通常会得到增强，表现为选择的错误率会陡然下降。

社会个体在做出自己的决定时会参考其他人的选择，而阿斯奇几个对比实验的主要结果，正揭示了这一普遍规律中一些微妙的细节。首先，在迫使一个人产生从众行为的因素中，在候选决策中做出特定选择的绝对人数不如相对人数或说比例重要。但这并不是说决策与被参考的样本大小无关，如果你在做决定之前只咨询了几个人，那么跟参考更多人的观点相比，每个人的观点都会占更大的比重。但是一旦你周围的人数确定下来，选项，在这里是 A 和 B，也呈现给你的时候，那么影响你选择的是：周围人中选择 A 者对于选择 B 者的相对比例。其次，你周围的人在两种选择中做出某种选择的比例即便只有很小的变化，也有可能对你最终的选择产生巨大的影响。比如，当我们第一次听说一个捏造的消息时，我们会倾向于拒绝相信它。然而，之后我们又从另一处听说了这个谣言，接着从第三处、第四处听到。这样下去的话，我们的倾向会在某个时刻，由怀疑转向接受，虽然可能还带有一些抱怨。我们又一次服从了大众的选择："那么多的人，总不会都会犯错吧？"

决策的过程虽然可以理解为被一个特定的想法"传染",但是其传播的机理与疾病是大不相同的。对疾病而言,与被感染邻居的每一次接触都有同等的概率被传染,不论先前有多少次没有被传染的接触。换句话说,疾病传播的事件彼此之间是独立的。比如,对于一种性传播疾病而言,如果一个人跟一个被感染的伴侣发生了性行为,并且很幸运没有被感染,那么在下一次接触中,他(或她)躲过伤害的概率既没有增大也没有减少。每一次都如同一次独立地掷骰子。被感染的累计概率如图 8.1 所示。尽管当周围人群中的感染者数目很大时曲线会变得很平缓,但对于人数很少时,每一次额外的接触给被感染概率带来的增量基本是相同的。

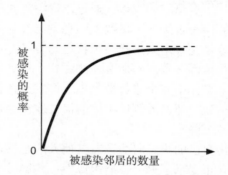

图 8.1 标准的疾病扩散模型中的感染概率作为个体被感染的邻居数量的函数。

与疾病相反,社会网络中的传播是一个高度依赖于群体状态的过程,一个人的观点能够产生的影响,依赖于(这种依赖可能极为明显)其他已经被咨询的人的观点。比如,对一个求职者的负面评价,如果发生在别人对他一系列的负面评价之后,那么很有可能会成为他的死亡之吻;反之,如果是紧跟着许多对他的正面报告,那么这个负面评价可能根本不会被考虑。因此,一个社会决策的规则应该像图 8.2(图)展示的那样,决策者选择 A 的概率随着周围人群中选择 A 的人的比例增加而增加,在一开始时增加得非常缓慢,但当这个比例一旦超过一个临界值时会产生一个迅速的"跳跃"(这个临界值在物理学中被称为阈值,相当于日常语言中的门

槛。本书在前面部分章节中译为门槛。在本章中，根据讨论的场景改译为
阈值——译者注）。由于这种在两个选择之间发生突然转变的特点，我们
把这类决策规则称为阈值规则，阈值的大小表明了个体的决策容易受到周
围人影响的程度。在阿斯奇实验中，阈值应该非常接近1，因为一旦大家
的选项不能完全一致，参加测试的主体中就只有很少的人会犯错误。但是
在更一般的场合中，比如选择一台新电脑或者投票给一个政党时，哪个候
选者更优则不是那么明显的，这时对应的阈值将会大大降低。

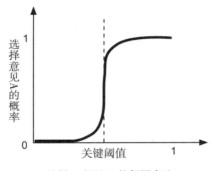

选择 A 超过 B 的邻居占比

**图 8.2　在社会决策中，选择 A 还是 B 的概率作为邻居中选择 A 的比例
的函数。一旦达到关键阈值，选择 A 的概率，从接近零迅速地
变成接近一。**

　　对应于上一章中提到的各种各样的决策外部性，我们也可以用其他途
径导出阈值规则。比如，当观察接受一项新技术的决策是否服从市场外部
性时，我们也可以用阈值规则来描述它。在这里，这种外部性的来源是否
与阿斯奇实验中的信息外部性相同并不重要。在传真机的例子中，仅就购
买这个决策来说，唯一重要的（不考虑价格问题）是在你与之保持联系的
人中（或者你喜欢与之联系的人中）拥有传真机的人达到了一定的比例。
更进一步来讲，如果拥有这种产品的人数，以他在与你通信的总人数中所
占的比例来衡量，增加到一个阈值，购买它在经济上变得有意义的时候，
决定采纳这种产品的概率就会迅速地发生改变。

社会困境中的协作外部性也可以导出阈值规则：当足够多的人都为某项公益事业做出贡献时，个体付出成本才是值得的。特定个体阈值的大小取决于两个方面：个体对付出得到的远景回报和自私得到的眼前利益的关心程度以及他认为自己具有的影响力的大小。有的人可能具有非常高的阈值，以至于无论别人怎么做他都不会付出，而有些人则可能具有特别低的阈值，而总是付出。不管是哪种情况，也不管这种情况是怎么出现的，有一点是相同的，每个人心理上总有某个阈值。

最后一点说明了为什么理解决策的阈值模型如此重要。虽然推导出阈值规则的方法有很多，不论是从博弈论的逻辑、收益递增的数学计算，还是从实验数据计算，只要我们知道它是存在的，就不必再关心它是如何得出的了。因为我们感兴趣的是决策呈现出的集体特征，而对于决策规则本身我们只需要知道它刻画了个体决策中的某些主要特征就可以了。现在我们真正关心的是在集体水平上的决策结果。换句话说，如果每个人都在观察周围人的决策，同时也发布自己的决策，那么所有的人作为一个整体的决策会趋向什么结果？人群中会出现合作还是会保持原状？一种商品的价格会被购买风潮变成一个不稳定的泡沫还是始终保持让大家觉得物有所值的稳定状态？一项新的技术发明会成功还是会失败？对于这一类问题我们都可以从基于阈值的简单模型中寻找答案。因为阈值模型对不同社会决策场景都具有代表性，所以无论个体决策的细节如何，从这个模型中得出的结论，在整体来看都是适用的。

捕获差异

然而，有一些细节确实还是很重要的、必须考虑的。最重要的一点是，在各类社会传播问题中，我们需要考虑的人是不相同的，这是个基本事实。有一些人因为某些原因，比其他人更慷慨。他们总是随时准备为正义事业承担更多的责任，即使这些事业看上去没有机会成功，如莱比锡的示威者、马丁·路德的支持者以及马丁·路德·金等等。这些人不惜牺牲自己的生命和人身自由，为了改革运动奋斗，放弃了安宁的生活，成了运动的先行者。也有一些人很富有同情心，但他们只有在一个项目看起来应该会成功，而且参加项目不需要做出多大的个人牺牲时，才愿意贡献自己的力量。

还有一些人，他们只有当项目的成功几成定局时才会不甘落后行动起来。

从决策过程的角度来看，一个同样重要的方面在于，对于同一个问题不同的个体掌握的相关信息或者技能的多少也是不同的。因此，一些人比另一些人更容易受到外界的影响。类似的，人们的自信程度也各不相同，不论是否得到了足够多的信息。有些人是天生的革新者，不停地挖掘着新点子，喜欢在现有的产品上弄出些新花样。另一些人则创造力稍微差一些，而乐此不疲地追求新潮产品和各种时尚行为，希望靠早期的投资谋利或者只是向自己的朋友炫耀。当然，还是有一些人总是坚守他们已经接受的东西，不管他们身边的世界如何变化。我们之中的大部分人都处在这两个极端之间，把生活中的大部分时间花在发明或者是浏览各种发明上，而在风险很小时，才跳上流行的彩车。

尽管人们的性情和偏好在现实生活中非常复杂，但是这一点在我们的阈值模型中却很容易分析。在大部分物理学（甚至是经济学的）模型中，个体的行为一般被假设为是完全一致的。但在我们的网络中，个体的阈值是可以不同的，阈值的概率分布（图 8.3 展示了其中一种可能的情况）可以用来描述不同阈值在整体上呈现出的差异。这种类型的差异我们可以称之为固有差异，我们发现它对信息级联的形成有非常重要的影响，有时甚至会以一些意想不到的方式出现。例如，当在一个集体中个体的阈值差异很大，分布呈现扁平的状态时，新思想或者新产品流行起来的概率应该会大大增加。

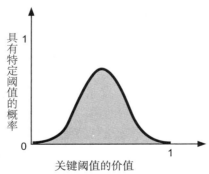

图 8.3　个体差异造成的阈值的概率分布。

个体间的另一种差异也是很重要的。如果我们对其他人的选择特别在意，那么我们观察到的人数也必定非常重要。举例来说，我买新衣服时，几乎总是会带一个女伴，以免一个人时会对流行的衣服做出错误的判断而犯错误。在理想情况下，我希望多带几个人，因为这样做不仅仅能改善我的形象，而且多人的看法往往会让我得到更为可信的信息。然而典型的情况是，我很难说服许多人都去跟我逛商店，所以一般只有一个人。因此，我得慎重地选择我的旅伴，因为我对时尚毫无概念，她的意见几乎就是圣旨，我最后穿在身上的衣服当然也就在她的掌握之中了。对于生活中的其他选择，从是不是要看某部电影，是不是要去某个餐馆吃饭，是不是要买笔记本电脑，到是不是录用一个求职者，我们都会征求别人的意见，征求人数的多少取决于这个决策的重要性和我拥有时间的多少。值得注意的是，并不是征求到的意见越多越好。征求到的意见越多，那么每个意见在它们对我们产生的影响中所占的比例就越小，因此，好意见的影响力会被削弱。

再考虑一下统计综合的结果，比如民意调查或者是某件商品的市场占有率，这在本质上与我们从朋友那里得到的社会传播信息是相同的，只是在更大的范围上做了平均而已。福特公司经常在它的促销广告里宣称它的车型 SUV 全美销售量第一。隐藏在广告里的想法是如果有这么多人都喜欢它，那么你也应该喜欢。股市上股票的股价则是另一个例子：市场中想买它的人越多，它的价格就越高。表面上看来，这类全局的信息比问你的朋友所得到的更可靠，因为它有一个巨大的样本空间。

然而在现实生活中，我们仍然是更容易受到自己直接的朋友、直接联系的人、消息的直接源头或者是同事的影响。例如，当我们买笔记本电脑时，如果周围的同事用的全是苹果机，那到底是买 Windows 机还是苹果机，跟 Windows 机的销量远远大于苹果机这个事实就完全没有关系。事实上，在苹果公司最近的一则广告里暗示，如果你是一个会计（意味着迟钝、无趣、在聚会上无人理睬），那么你可能买 Windows 机。但是如果你是艺术家、设计师或者时装设计者（意味着聪明、机智、时尚），听了这些，你很有可能会购买苹果机。这个例子告诉我们从朋友那里得到的信息比你得到的其他全局信息更重要，因为前者跟你的关系更大。所以，如果你征求了太少的意见，那么你将易于做出错误的判断，但是，征求过多的意见也并不是好事，因为与你相关的信息会在太多的噪声中变得模糊。

更进一步说，社会信息网络之所以重要，因为它不仅仅能够帮助我们做出更好的个人决策，还能把一个环境里的流行信息传播到另一个环境中。因为这种传播对于信息级联的传播非常关键，所以社会网络在一个观念的影响范围从小到大的过程中，扮演了核心角色。当 3Com 公司发布了第一款掌上导航仪（Palm Pilot）时，只有那些最前卫的技术狂热分子才会去购买它。这些人多半都是硅谷和加利福尼亚北部湾的工程师和技术工作者，他们不需要任何人劝说就会去购买这些新潮的东西。他们需要关心的仅仅是这个发明本身——他们只是需要拥有它，不管别人怎么想。但是这些技术追星族，他们的人数毕竟还是很少的。如此之少的人仅仅依靠他们自己还不能让一个产品成功。然而，如果他们能够使这件产品在自己的圈子里产生足够大的影响，并继续传播到临近的圈子，那么就有可能会给它足够的推动力，以便传播到更大的范围内并形成信息级联。如果真要形成信息级联，这些小圈子需要以何种形式相互连接呢？

社会网络中的信息级联

回到本章开始时提出的问题。我们最终想解决的问题是，一个社会网络中的哪些具体特征，如某个小组或社团的存在，个体之间的倾向以何种形式相互联系等，最能给一个小的影响扩大为全局运动提供机会？如果一个人想发动改革或者推行时尚，他在网络的哪个位置开始最容易成功？一个网络中是否存在某些薄弱点，结构上的阿基利斯的脚后跟，以至于如果以恰当准确的方式打击此处时，影响就可以像瘟疫一样爆发，相同的决策相互铺垫而连续不断？并且，如果这些弱点真的存在，我们是否可以利用它们提高信息级联发生的可能性？或者阻止信息级联的发生？相同的推理是否可以扩展到像电网这样的工程系统中，来降低像 1996 年 8 月大停电那样的级联故障发生的概率？在某种意义上，防火墙是否可以像作为预制件被插入到建筑物中那样，被插到网络中？

这些问题都非常好，但随着我对这些问题思考的不断深入，我发现找到答案很不容易。实际上，与生物疾病比起来，社会传播有很多方面是违反直觉的。因为在阈值模型中，一个人对另一个人的影响程度取决于后者所受到的其他影响。在疾病的传播过程中，我们不需要担心这个问题，因为所有的接触产生影响的方式是相互独立的。这个问题是造成社会传播与疾病的传播所有不同的根源。

一个孤立的团体，比如某些教派的宗教信徒，只要他们不断地相互强化，并拒绝任何个人与外界进行的联系，就能保持那些完全虚假的信仰。但是他们这样做的同时，也导致源于这里的所有思想将会被永远地局限于这个团体内部。另一种极端的情况是，个体参加了很多个团体，这样他们的思想能够被更多的、不同类型的人了解，也能接受到更为丰富的信息。因此他们一般也不大容易被一种单一的世界观所控制，因而可能在很多时候得不到别人的支持，而不得不去推销自己的观点。因此，与疾病不同，思想的传播需要团体在内聚和互联之间进行某种平衡。

当我在康奈尔大学读书时，了解到关于伊萨卡的一件奇怪的事：它除了美元，还支持另外一种货币，被称为伊萨卡小时币。这种货币只在一些商业区流通。可能听上去很怪，但是这个小金融系统已经稳定运行了十余年的时间。同时它又相当的局部化，甚至没有顺着小山扩展到康奈尔大学附近的商店。1997年我离开伊萨卡去往纽约，到哥伦比亚大学做博士后。我记得花旗银行和曼哈顿集团正在曼哈顿的上城西区推广某种形式的新货币，一种电子现金卡。尽管这两家美国最大的银行对此进行了大量的广告活动，这种被认为比纸币更好的货币一点也没有流行起来。

这两个例子之间当然有很多区别。与我们的讨论相关的一点是，在伊萨卡，消费者和商品销售商是一个既紧密联系又可以独立运行的小系统。而纽约的上城西区与之形成鲜明对比，它深深地嵌入整个纽约，每个人都有足够的股票，相当于第二货币。假设他们的现金卡真的在上城西区流行起来，那么我们有理由相信，它决不会像伊萨卡小时币那样仅在局部流行，而是会很快扩展到更大的地区，而扩展的原因跟它失败的原因是相同的。我们看到，一项发明的成功需要在局部内聚和全局联通之间达到某种均衡。这种需求也使得它比仅仅需要关注联通的生物疾病的传播明显难以理解。

在百思不得其解之后，我觉得如果我先不考虑级联是信息在一个由多个组织组成的网络中传播这个概念中复杂的小组结构的话，问题的答案可能会变得简单，正如阈值模型那样。所以我决定从一个没有小组结构的网络开始：随机图。尽管对社会网络来说随机图不是一个好的模型，但是它却是一个研究的好起点。我相信，只要我不是永远停留在随机图上，那么我就可以以它为跳板来研究更实际的网络形式。我们将看到，即使是随机图，事情也会非常复杂，但是我们确实可以发现一些新的东西。

由于阈值模型作为一个理论名词比较抽象，使用直观的发明扩展模型一词可能更有助于理解，这个名词由爱佛罗特·罗杰斯（Everott Rogers）于 20 世纪 60 年代提出。尽管"发明"这个词经常与新技术联系在一起，但它也可以用来描述思想或行为。所以我们说"发明"的时候，既可以是影响深远的，比如持续很多代的、革命性的新思想或社会规范，也可以是很平常的，比如只能流行一季的某种踏板车或者时装。当然也可以是介于这两者之间的几乎任何东西，比如新的医药、新的制造技术、新的管理原理和新的电子设备等等。相应的，发明家这个词也不仅可以指那些发明新设备的人，也可以指那些提倡新思想的人，或者更加一般一些，指那些用一个小的扰动打破系统平静的人。还有早期接纳者这个词，也经常被用来指那些率先接受了一种产品或者服务并且还向别人推荐的人，包括那些实验室助理、传教士和革命家的追随者等。早期接纳者就是群体中那些首先被外界的刺激影响的人，像前边所说的硅谷的技术迷那样。

虽然罗杰斯的提法很形象，但是它仍然不够准确，难以避免歧义。比如，它不能区分一个人接受一种新思想到底是因为他本来就倾向于接受这种思想，即有一个比较低的阈值；还是因为他受到了很大的影响，他的大部分朋友恰好都是先前的一批接纳者。这两种情况都会导致他成为早期接纳者，但是对接纳者的状态有截然不同的假设。大部分情况下，我们只是简单地认为发明家或者早期接纳者这种词的含义具有主观性，并且在不同的语境下使用符合我们目的的解释。但是在这里，因为我们已经为工作建立了一个精确的数学框架，所以我们可以做得更细致一点。而且如果我们想有一些进步的话，我们就应该这么做。

所以，从现在开始，发明家这个词用来指在那些发明的生命周期中某个被随机激活的节点。当一个周期开始时，所有的节点都是不活跃的（处于关闭状态）；接着发明出现了，一个或几个随机选出的节点（初始的种子）被激活（切换到开启状态）。这些节点就是所谓的"发明家"了。这样，早期接纳者就可以用来描述那些在一个活跃节点的影响下，从不活跃状态切换到活跃状态的节点。由于我们希望了解的是网络对于信息级联的敏感程度，我们称在此精确情形下的早期接纳者是易感的。因为它们可以在网络中相邻节点的最小可能的影响力下被激活。现在其他节点都处于稳定状态。当然，我们接下来会看到，它们在适当的情况下也会被激活。我们看到，一个节点处于以下两种情形之一时会成为易感的：一种是它有一个很低的阈值，因此，它倾向于发生改变；另一种情况是与它相邻的节点很少，这样每个相邻节点给它带来的相对影响力都会非常明显。

因此，早期接纳者的阈值实际上可以是任何可能值，只要它们的邻居足够少就可以了。这看起来是一个很怪的差别，但是值得好好理解，因为它整个地改变了我们看待问题的方式。现在，我们不是以阈值来界定谁是早期接纳者，而是从它们的度上来考虑。回忆一下，在第 4 章里，度指的是一个节点拥有的邻居的数目。如图 8.4 所示，假设节点 A 的阈值是三分之一，在图的上半部分，A 有 3 个邻居，其中一个是活跃的。单个节点占 A 的所有节点的三分之一，所以产生的相对影响力达到了 A 节点的阈值，因此 A 节点切换到活跃状态；A 节点的行为表现为早期接纳者。与之相反，在图的下半部分，A 节点有相同的阈值，但是拥有 4 个邻居而不是 3 个。这时单个节点仅是所有邻居的四分之一，A 节点不能被激活。因此度的不同决定了一个阈值是三分之一的节点能否成为早期接纳者。换个形式说，我们也可以说阈值为三分之一时，A 的度的临界上限是 3，这里"度的临界上限"指的是一个节点可以被任意一个邻居激活时可以拥有的最大邻居的数目。如果 A 的阈值很低（比如四分之一），它的度就有一个比较高的临界上限，反之亦然。重要的一点是，对于任意的阈值，我们总是可以获得其对应的度的临界上限（见图 8.4）。如果一个点的邻居数多于其度的临界上限，那么在只有一个邻居活跃时，它就会保持稳定，否则，它就是易感节点。点之间度数不同——正像我们早先观察到的，有的人拥有更多的朋友或者决策时会征求更多人的建议——在保持个体状态的稳定及信息级联中处于核心地位。

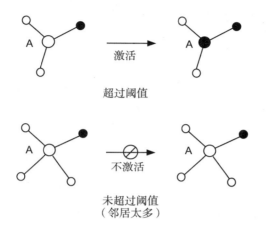

图8.4 在给定阈值的情况下，只有当节点的度小于等于关键阈值的上界
时，它才会被一个相邻节点所激活。在这里，节点 A 的阈值是三
分之一，所以关键上限为 3。在上图中，A 有 3 个邻居，所以它
被激活。但是在下图中，它有 4 个邻居，所以它没有被激活。

在这个框架下，我们可以精确地指出在一个决策者集合中是否出现了
信息级联现象。在我们的网络中，每个个体有一个内在的阈值和一些对他
有影响的邻居。在一个发明的生命周期开始时，一个唯一的发明在网络的
某处出现，在它结束之前会必然出现两种结果之一：发明悄然逝去或者爆
发成为信息级联。

那么，一项发明发展到多广时才有资格发展成为信息级联？这个问题
的答案在于一个我们已经探索过的议题：渗透。回忆一下，在讨论疾病传
播的时候，我们说瘟疫发生的条件是存在一个单一的、连通的集合（clus-
ter），即渗透集（the percolating cluster），不管网络多大，它占整个网络
的比例总是固定的。类比一下，如果在一个社交网络中存在渗透集，那么
我们就认为这个系统是易于发生全局性级联的。小型的级联现象在系统中
总是存在的。实际上，任何一个扰动都会引发一定规模的级联，即使只包
含发明家一人。但是只有全局性级联以一种真正自持久的方式发展，因此
能够改变整个系统的状态。所以正如我们对瘟疫而不是疾病暴发感兴趣一

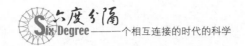

样，我们现在要探索的是全局性级联产生的条件。

在疾病传播中，每个节点都有相同的概率被包含在某个已感染集合中。与此不同的是，我们现在有两种类型的节点——易感的和稳定的——需要分开考虑。当一种发明被引入到一个初始不活跃的群体中时，我们看到，只有当发明家与至少一个早期接纳者有联系的时候发明才可能扩展。显然，群体中的早期接纳者越多，发明扩展的可能性越大。发明所在的由早期接纳者组成的连通集越大，发明传播的范围就越广。如果被发明集（包含发明家在内的已感染集）"击中"的易感集碰巧可以渗透到整个网络，那么发明就会引发全局性的信息级联。所以如果网络中包含一个易感的可渗透集，那么全局性级联有可能发生，否则，全局性级联不能发生。它们在激活了网络中一个很小的部分之后就消逝了。

因此，网络中是否能够发生全局性信息级联的问题，就转化为网络中是否包含一个易感的可渗透集（percolating vulnerable cluster）的问题。无论如何，我们已经前进了一大步。我们把原先动态的现象，每个级联从一开始的扰动发展到其最终状态的过程，转化成为一个静态的渗透模型，易感集的大小问题。这样一来，我们的工作就已经被大大简化了，而仍然保持着我们初期探索的要点。然而，这仍然是一个很难的问题。在过去30年中，在各种渗透模型的研究方面取得了很大的进步，但是还没有完整的一般性的解决方法。实际上，由于渗透几乎是全部由物理学家研究的，而且在物理学中多用于有关正则晶格（regular lattices）的研究，所以对像社会网络这么复杂的结构中的渗透，我们知之甚少。

而随机图具备极度简单的结构，这也正是它流行起来的原因。实际上，我这时也意识到，为了解决上述的问题，首先应该理解随机图上的信息级联。那个时候，纽曼、斯道格兹和我也正好考虑了如何计算随机图上的连通性的数学技巧。我们接着在卡拉维的帮助下修改了这些技巧以用于研究与网络坚固性相关的渗透问题（见第6章）。非常幸运的是，这些工具也几乎可以用来解决寻找易感的可渗透集的问题。但这并不是完全适用的，因为我们现在处理的是一种比较古怪的渗透问题。如图8.4所示，在单个节点的影响下，邻居较多的节点更倾向于保持稳定。而按照定义，稳定节点不属于任何易感集。因此，易感集需要在网络中没有高度连通的情况下形成渗透的良好结构。不难想象，这个与标准渗透之间的偏差会使问题的答案有明显的不同。

尽管这个方法的数学细节非常理论化，不过在所谓"相位图"的帮助下，主要的结论却是很容易理解的，图 8.5 就是一个相位图的例子。图中横轴是阈值分布的平均值，也就是个体对新思想的拒绝程度。纵轴则是网络中个体的邻居（度）的平均值，邻居对其决策有影响。因此，相位图可以刻画这个简单模型下所有可能的系统。平面上的每个点代表了一个特定的系统，既有一个确定的网络密度（这里网络的密度实际上是指网络边的密度——译者注），也有一个确定的群体的平均阈值。平均阈值越低，整个群体就越倾向于改变，所以我们可以预测级联现象在图的左边（那里的阈值偏低）会比右边发生得频繁。如图 8.5 所示，这个预测与实际的结果也是符合的。但是信息级联需要在一个网络中进行传播，网络的存在使得数学模型和相位图之间的关系变得复杂了。

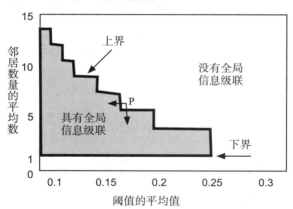

图 8.5 信息级联模型的相位图。图中的每一个点对应于一种参数选择，即阈值的平均值以及邻居数量的平均值，或度。在黑线内，即信息级联窗口中，全局性的信息级联可能会发生，在这个窗口外，信息级联就不会发生。窗口的边界即对应于系统行为发生相变的位置。点 P 是信息级联不会发生的一个状态。从点 P 出发，可以通过两种方式导致信息级联的发生，一种方式是降低人们的平均阈值，或者等价地说，提高内在的创新能力，如向左的箭头所示；另一种方式是降低网络的密度，如向下的箭头所示。

图 8.5 之所以被称为相位图是因为中间那条黑色的实线把所有可能的系统组成的空间分成了两个相位。被线围住的阴影部分代表了一个相位，处在这个相位里的系统都可能发生信息级联。并不是一定会发生——这很重要——但是却有可能发生。而在线外，全局的级联现象则永远不会发生。这个级联窗口的 3 条边界告诉我们防止级联现象可以有 3 种方法。第一种很明显：如果每个人的阈值都过高，那么没有人会发生改变，系统也会保持稳定，无论他们之间是如何联系的。即便不是这样，级联现象仍然可以被网络本身以两种形式之一所防止：要么它的连通性非常差，要么它的连通性太好（这是让人感到吃惊的一个方面）。相位图的另一个重要特点是，在级联窗口的边界处，系统将经历一次相变。这是大多数渗透问题的共有特征。但它有两个边界，这使得它跟我们在第六章见到的那种渗透问题不同：在顶部那条边界附近，系统的连通性非常好，而在底下那条边界附近，系统的连通性非常差。这个特征使得信息级联不同于疾病传染，因为对于后者，连通性的增强会使疾病更容易传播开。如果我们对瘟疫也做一个相位图，那么底下那条边将仍然存在，但顶部那条边就没有了。这两者的差异远远不止于此。我们将看到，这两条边界上的相变有着质的不同。通过研究这两种相变的本质，我们可以预测哪些类型的信息级联可以发生、规模会有多大及它们发生的频率。

相变和信息级联

我们已经看到，在级联窗口底下那条边附近，网络的连通性非常差，此处的相位切换与第六章中遇到的生物感染模型非常类似。对于此处的相变，可以做如下解释：当每个节点平均只有一个邻居时，这个数目几乎总是小于其度的临界上限，因此不论其阈值大小，对于新的影响都会非常敏感。然而，由于网络的连通性差，所以影响不能传播太远。结果，发明在一开始会迅速传播起来，但最后几乎总是被限制在它诞生的连通集中。只有当网络的密度足够大时，网络中才会出现易感的可渗透集。但是由于这种情况下的大部分节点还是易感的，所以网络中的易感可渗透集与我们在第二章和第六章见到的随机图的巨大组分是一样的。

所以，在底下这条边界上，社会传染与生物传染基本等同，因为它与传染病经历的是同一种相变。在某些条件下，我们可以把这两种传染合并考虑，因为两者之间的不同对结果没有影响。基于同样的原因，网络的连通性而不是决策者的个人习惯阻力是信息级联出现的主要障碍。在连通性很差的网络中，连通量大的个体在社会传染中起着相应程度的反作用。这个观察是符合我们通常的关于发明推广的思维模式的，即意见主导者和居于中心位置的演员被认为是新发明、行为或者技术的最有效的推广者。

举个例子，在作家和记者马洛姆·格拉德韦尔（Malcolm Gladwell）的新书《引爆流行》中，他非常强调连通量大的个体在社会传染中扮演的角色。引爆流行这个词差不多对应于全局性信息级联的概念。尽管格拉德韦尔关于思想传播的基础是社会传染和疾病传染的机理相同，但他的观察与阈值模型大体一致，前提是网络中决策者的连通性比较差。格拉德韦尔用连接点这个词描述社会上那些拥有巨厚无比的电话簿、联系人横跨很多不同的社会团体的人。在一个大部分人朋友较少，或者决策时只是征求少数几个人的意见的世界里，这些少数的连接点看起来确实具有很大的影响力。

然而，如果网络的连通性过好，个体的影响力反而会被削弱。如前所述，你在决策前对其他人的行为或建议调查得越多，那么单个人对你决策的相对影响力就会越小。所以当每个人都被很多人所影响时，没有哪一个发明家可以单凭一己之力激活任何人。社会传染的这个特征把它和生物传染区分开，对于后者，一个易感者无论已经接触过多少人，他与某个已感染者的接触总是具有相同的效果。在社会——活跃或不活跃——的相对人群的传染中，我们应该记住，起作用的是邻居中感染者与未感染者的比例。所以高度连通的网络虽然看上去有利于各种类型的影响力的传播，其实它们并不一定支持社会影响的信息级联。因为在这样一个网络中，所有的个体都在局部保持稳定，信息级联甚至根本不可能开始。

所以，连通性不够的网络能够阻止级联出现，因为信息不能从一个易感集跳到另一个。而连通性过好的网络也会阻止级联出现，但是原因与前者不同：它们被锁定在一种停滞的状态，一个节点强化其他的节点，同时又被另外的节点所强化。所以我们前边的观察现在可以被更精确地描述为：在社会传染中，一个系统只有在局部稳定性和全局连通性之间取得一

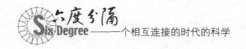

定的平衡时，如图 8.5 所示的级联窗口，才能够发生全局性级联。

跨越鸿沟

但是社会传染中还隐藏着另外一个奥妙。就藏在级联窗口的顶部界线上、易感节点的密度足以使网络中包含一个易感可渗透集的地方。在这种临界的状态之下，整个系统除了易感的可渗透集附近之外所有的地方都是局部稳定的。而由于在窗口中，易感的可渗透集只是占据整个网络的一小部分，单个发明击中它的概率很小，因此全局的信息级联现象很少发生，大部分情况下，系统看起来不仅仅是局部稳定的，而且是全局稳定的。但是突然之间，可能只有百分之一或者百万分之一的可能性，某个随机的发明会击中了易感的可渗透集，引发信息级联。表面看起来，它跟底下的边界上发生的事没有什么不同，全局的信息级联都很少发生。但是一旦级联开始发展，这两种情形迅速变得不同。

回忆一下，在底下的边界上，级联传播到占据了整个易感可渗透集之后就无处可去，因此级联只会占据整个网络的一小部分。然而，在顶部边界，因为网络是如此高度地连通，所以易感的可渗透集中的早期接纳者，与网络的其余部分（罗杰斯的术语是早期和后期的大众）紧密集成在一起。这个比早期接纳者大得多的群体对单个发明家来说仍然保持稳定，但是一旦整个易感的可渗透集被激活，这些节点会被多个早期接纳者所影响。而多个活跃影响力的出现足以超过非常稳定节点的阈值，所以它们也开始被激活。

这种事件的发生被商业咨询师和作家杰佛瑞·摩尔（Geoffrey Moore）称为跨越鸿沟，指的是一个成功的发明（回想一下前边提到过的掌上导航仪的例子）需要从它初始的早期接纳者社团，跳过鸿沟进入更普遍的、更大的群体中去。在底下那条边上，没有什么需要跨越的鸿沟，只是一些不同大小的早期接纳者集。只有在顶部的边上，发明家不仅仅要找到那些早期接纳者，而且找到的早期接纳者必须处在一个能够对早期和后期的大众产生综合的影响。而在阈值模型中，跨越鸿沟的确是级联的巨大进步，因为任何级联只要成功征服易感集就一定能发展到整个网络，触发全局规模的级联。用物理学中的话说，顶端边界的相位切换是非连续性相位切换，因为成功级联的典型规模从零（即没有级联）突然之间跳跃到整个系统。

因此，级联窗口顶端边界比底部边界的级联发生的频率更小、规模更大，具有本质上不同的不可预测性。网络中大部分发生在顶端边界的发明由于被单节点的局部稳定性限制，所以传播不了很远便退出了。这种事情可以连续发生无数次，会使得观察者误以为系统实际是稳定的。而突然之间，某个看起来与其他没有什么不同的影响力吞没了整个网络。触发这样一个信息级联的那个发明家也不需要有什么地方比别人幸运。在底部的边界上，连接点在连通易感集方面扮演着重要角色，但在顶部边界连通性则不是问题。因此，两个被相同数量的邻居影响的节点触发级联的可能性差不多也是一样的。当级联的传播主要受局部稳定性而不是连通性限制时，具备好的连通性不如连接到容易被影响的个体那么重要。

级联窗口的这些特点给发明的推广带来了一些意想不到的启示，可能其中最让人吃惊的是信息级联的成功与发明的特点甚至是发明家的关系比我们想象的要小很多。至少在信息级联模型中，触发全局信息级联的扰动跟其他的扰动没有区别，所有行为的根源都是早期的发明家连接的易感集的连通性。而易感可渗透集使得分析级联是否成功更加棘手，它是系统的全局属性，就像是缠绕在整个网络中的难以跟踪的蛛丝。重要的不仅仅是一个人有一个或多个易感的邻居，这些易感的邻居也要有一个或多个易感的邻居，如此继续下去。所以即便是你能识别出那些可能的早期接纳者，除非你观察整个网络，否则你也不会知道它们是不是全部连通的。

当然，这并不是说质量、价格、包装等因素不重要。发明的这些固有特性能够改变人们的接受阈值，所以同样能够决定它的成败。问题在于仅靠阈值并不能决定一切，所以仅靠质量、价格和包装也不能。如图8.5所示，在级联窗口的右上侧（比如点P），既可以通过降低平均的接受阈值（向左的箭头），也可以通过降低网络的连通性（向下的箭头），来使网络可以支持全局级联。换句话说，网络的结构和发明的固有吸引力对发明的成败有同等的影响。而在级联窗口的内部，发明的命运里有很大程度的随机因素。如果它击中了可渗透集，它将会成功，否则会失败。我们可能会觉得产品或者思想本身或者它们的包装形式会决定它的后续发展，而从模

型中我们看到对于任何程度的成功，我们总能找到一些付出了同样努力最后却只有很小一部分人注意的例子。也许只是一些发明，如《哈利·波特》和美国雷热滑板车，击中了正确的易感集，而大多数则没有。而一般来说，在事情结束之前，没有人知道将会是哪种情况。

非线性的历史观

个体实时地对其他人的行动和决策做出反应，只有通过理解这种个体之间的交互我们才能准确地理解事情的最后结果。这种观点对于因果的视角与我们通常习惯的做法差别非常大。习惯上，当某样东西或者某个人成功时，我们会认为成功的程度与背后的某种特长或者意义的大小成正比，于是成功的艺术家一定是有创造力的天才，成功的领导者一定有远见卓识，成功的商品一定是消费者最喜欢的。然而，成功这个词只能在事情发生之后使用，因为是"后见之明"，所以就很容易做到聪明。因此，这种典型的面向结果的世界观，往往使我们把某样东西的成功，归功于它表现出来的所有特点，而不论这些特点在之前是不是让人觉得特别。

我们通常不会去思考的是，同样的东西，具备同样的特点，也可以很容易变成沉闷的失败品。我们同样很少浪费时间，去悲叹多数原本也可以成为竞争者的不成功的发明的处境，指出可能它们与成功者只是稍有不同。历史，换句话说，有一种忽略可能发生但没有发生的事情的趋向。显然，实际发生的事情比那些没有发生的与我们的关系更密切。但是我们总是有一种倾向，认为实际的结果是历史在诸多可能的结果中的选择，而这只不过是我们把世界上的随机误认为是秩序了。因此，从科学的观点来看，如果你想知道未来可能发生什么，那就不但要考虑以前已经发生了什么，还必须考虑以前还能发生什么。

偶然事件和环境在历史上扮演重要的角色，这已经不是一个新的想法了。但信息级联的概念对我们有更加惊人的启示：付出和结果并不成比例，它们的关系类型也不是唯一的。如果有十亿人都信奉一个宗教，那么我们会认为它初始的教义一定是很有创见的，否则怎么会有十亿人相信？如果一件艺术作品比其他的出名很多，那么它必然比其他的好很多，否则怎么会人人谈论？如果一个国家团结在某个领导人周围取得了巨大的成就，那么这个领导人必然是伟大的，否则为什么每个人都追随他？所以，伟大（或创见，或名誉）是一直存在着的，事实上，在事件发生之后，我们的感觉是它一直在那里，是一个必要属性，是引起巨变的源头所固有的。

然而在事件发生之前，我们很难看清处于某个状态的一些事情最后会产生何种结果。这不是简单的因为伟大，像天才，是难以判断或者经常被误解的，而是因为仅仅伟大本来就不可能是什么固有性质。事实上，这是从大量个体的意见一致中产生的。每个个体在靠自己的判断力进行判断的同时也在受其他人观点的影响。人们相信一件事可能只是简单地因为别人也相信，讨论一件事情只是简单地因为别人也讨论，去某处示威只是简单地因为别人也去。这种随大流的决策现象是信息级联的精要所在，它大大地模糊了一项最初的事业和最终的影响之间的关系。

人们在心理上很难接受这种观点，每个时代都需要自己的偶像，正如每次改革都有自己的领袖。但是我们倾向于认为发明家具有与最终结果等同的影响力，这种看法忽视了他们实际的影响力得以传播而成为大众运动的机制。正像在股市中，当一个破纪录的大事出现时，我们会尽力找出这件事在发生之前是什么样子。当我们找到时，即使从绝对意义上来说它微乎其微，我们也会赋予它巨大的意义。

伊萨克·柏林（Isaiah Berlin）认为，托尔斯泰对历史记录的厌恶，尤其是对于军事历史，来自于他已经看透，在战争的迷雾中，没有人，特别是那些将军，知道正在发生什么。征服者和征服方法之间的平衡在更大的程度上是靠运气，而非领导能力或者是军事策略作为支点。在烟消云散之后，胜利者揭晓，于是侥幸胜利一方的将军得到了全部的荣誉。

从这个观点来看，托尔斯泰大概不会觉得 20 世纪末期的科学发展，比 19 世纪早期的战争会强到哪里去。自从由范特（J. Craig Venter）领导的 Cerela 公司与以科林斯和兰德尔（Francis Collins 和 Erik Lander）为首的依靠公共基金的国际财团，宣布他们在人类基因组测序方面打成了平手之后，他们三个人就被认为理应获得这个科学突破的荣誉。而实际上，他们都不够格：基因测序工程是在上百乃至上千的辛勤工作的科学家的合作下完成的，没有他们，就没有什么可以颁发的荣耀。在建筑方面情形也是如此。列昂伊德、赖特、萨瑞纳和戈瑞（Frank Lloyd Wright, Eero Saarinen 和 Frank Gehry）都因为他们卓越的设计而被大家争相聘用，然而正是才华横溢的工程师团队和施工队伍才把他们的图纸变成了真实的建筑，如果没有他们，这些建筑师根本不会"创造出"什么东西。也许不朽的东西太难以理解，所以我们大脑的反应是把整个的公司或者历史上的一个时代用一个人物或者一个部分来代表——偶像。因此，偶像化，是一个可以理解的认知策略（公平地说，我们大部分的偶像确实都是才华横溢的人），但是这样做会误导我们的直觉，尤其是当我们想要理解群体的，而不是个人的行为时。

再举一个可能有点无趣的例子吧，1999 年早些时候，肖·方宁（Shawn Fanning），一个 19 岁的男孩，当时正在美国东北大学读书，他设计了一个程序帮他的朋友从互联网上下载 mp3 音乐。那个程序，他们昵称为 Napster，结果一夜成名，吸引了上百万的用户，也引起了整个唱片界的愤怒。方宁被抛进了商业、法律和伦理的大旋涡的中心。在那段时间里，方宁是世界的焦点，一些人崇拜他，另一些人批评他，他的名字在商业论文中被引用，他的照片刊登在杂志的封面上。在被迫对它的音乐共享服务收费之前，Napster（尽管现在大部分功能不能用了）和方宁成功地迫使全球出版界巨头贝塔斯曼签了一张订单。对于一个大学生来说相当不错了！但是，这种不错的成绩是谁的努力结果呢？

毫无疑问，方宁设计的程序确实需要很多技巧。但是它产生的巨大影响绝不是来自程序本身的精巧，甚至不是方宁的远见——他只是帮助他的一个朋友。Napster 的巨大影响力来自它巨大数量的用户，他们意识到这正是他们想要的，于是就开始使用它。方宁没有预见到他的发明会有空前大的需求量——他也不能预见。大概即使那几百万用户自己在 Napster 出现之前，也并不知道他们想要从互联网上下载免费的音乐，所以方宁怎么能呢？事实上，他并不需要知道。他需要做的只是发布他的思想，之后有人发现并开始使用它，然后又有几个人听说后也开始使用它。用 Napster 的人越多，可以下载到的歌曲就越多，因此它对其他人就越有吸引力。

如果除了方宁和他的几个朋友外没有人用 Napster，或者如果他们没有特别好的音乐收藏或认识的人很少，那么 Napster 可能就永远没有出头之日。在一定程度上，Napster 要成功必须具备合理的功能。如果下载歌曲需要花不少钱，或程序本身很难使用，或者被设计成没有几个人需要用的功能——比如求解微分方程或者把波兰语翻译成意大利语——它就永远不会变得这么流行。用阈值模型的话说，人们对 Napster 的接受阈值必须足够低，它才能传播开来。但也在一定程度上，并且可能是在更大的程度上，Napster 的成功独立于它的形式和来源。尽管它的发明者方宁得到了公众大部分的注意力，但推动 Napster 从一个简单的想法变成一种流行现象的是使用它的那些人们。

人群的力量

发明家和改革家，换句话说，那些出于良知、意识、创造力和激情行事的人，是全局性级联的关键，是级联发展中的种子或说扳机。但是——这一点使得信息级联现象很难以理解——仅仅有种子本身是不够的。实际上，当我们只在乎级联的成败的时候，这些改变的种子的地位就不是太重要了，正如生物种子一样。

种子落到地上，可能蕴含着一棵能开出满枝花儿的大树的蓝图，所以原则上对最后结果负有根本的责任。但是这个蓝图的实现几乎全部要靠它所在的基础的营养质量。大树以一种几乎是奢侈的数量来播撒它的种子，理由是只有这些种子中的极少数才能长大、开花、结果，不是因为这些种子具备某些特殊的、独一无二的质量，而是因为它落到了合适的地点。社会上的种子也是这种情况：发明家和鼓动者总是存在的，总是在试图创造新的东西，以他们心中的图画来重新建造世界。使他们的成败难以预测的是在很多情况下，成败与他们的眼界和个性的关系远不如与以他们为中心的群体的交互类型关系密切。

像所有一般化的结论一样，凡事总有例外。有时某些个体表现出如此深远的影响，他们的影响力看起来也应该被承认。当爱因斯坦狭义相对论的原始论文在 1905 年发布的时候，它颠覆了过去 300 年来的物理学秩序。从那时起，爱因斯坦的伟大便被确立了。笛卡儿和牛顿也分别用他们的双手改革了他们那个时代的科学世界观——笛卡儿创立了分析几何学，而牛顿发现了万有引力定律。有些时候，一个很有分量的结果往往来自于同样分量的原因。然而这种性质的突破是极少数，大部分社会和科学的改变不是来自于单个天才人物认识上的飞跃。如果一个人想在一个山上制造雪崩，他可以扔一颗原子弹，但显然没有必要，而且雪崩也通常不是因为这个发生的。更多的情况是，一个滑雪者在错误的时间里，滑过错误的山上错误部分的错误类型的雪的时候，可能就会引发与此极不成比例的山崩地裂。

这种情况在流行文化、技术创新、政治改革、连锁危机、股市崩盘及其他各种群体性的追捧、狂热和大众行为中也很常见。我们关注的焦点不应该在引起运动的刺激本身，而应该在刺激所击中的网络的结构上。在这方面，仍然有大量的工作要做。记住，随机网络并不能很好地代表真实的网络，现在的工作正在把这种一般化的最简单的信息级联模型推广到更真实的网络中，包含团体结构、个人社会身份、大众传媒影响等。阈值模型也是一个社会决策的高度理想化的模型，在应用于任何实际问题之前必须进行一定的润色。但即使如此，我们已经可以洞察到一些一般的东西。

可能信息级联模型最让人惊异的特性是对于初始状态完全相同的两件事，由于网络的结构不同，而导致最后差异巨大的结果。因此事物的质量（在这里可以理解为接受阈值）其实并不能可靠地预测成功，即使是巨大的成功也不见得会有优秀质量的作用。取得巨大成功的发明和不幸失败的发明不同，可能只是一些觉得它可有可无的参与者之间的交互类型造成的。这并不是说质量不重要——它很重要，产品的个性和包装也很重要，但是在一个决策者不仅仅依靠自己的判断，还会观察别人的决策的世界里，只有质量是不够的。

再谈坚固性

除了用于预测之外，对于网络系统中全局信息级联现象的理解可以给我们在第六章遇到的网络的坚固性问题带来一些新的启示。关于这个问题，没有必要的讨论一定是受社会传染。有时，有很多相互依赖、交互行为复杂的部件组成的系统，像电网、大型组织，会突然出现大规模故障，尽管采取了很多预防措施。

耶鲁大学的社会学家查里士·伯罗（Charles Perrow），研究了从三里岛核事故到挑战者号爆炸的一系列组织性灾难之后，把这些事件称为正常事故。他解释说，事故很少是由于明显异常的错误或不可原谅的草率造成的，一般是一些非常常规的错误积累起来，在例行事务、报告步骤和为保持系统良好运转进行的响应中以一种意想不到的方式相互组合。不管它们看起来多么异常，理解这些事故最好的方法就是把它们看成是正常行为中未能预知的结果。因此，它们不仅正常，还不可避免。

伯罗在他《正常事故》一书中的观点看起来有点悲观，但是它与级联模型里内在的、长期的不可预测性非常相似。这种相似不仅仅是一种隐喻。尽管我们是从社会决策问题中推导出的阈值规则，但其他的问题中也同样有阈值的概念。只要当网络中节点的状态可以被表示为从两个选项中选择其一（已感染的和易感的，活跃和非活跃的，正常和故障的）且其状态依赖于其邻居节点的状态时，问题实质上就是传染问题。只要当传染中邻居节点的状态表现出依赖性，不管是一个节点的影响力（比如故障）会增强还是削弱另一个节点的影响力，那么阈值规则都会存在于其中。因此，信息级联模型不仅仅可以用于社会决策中的信息级联现象，还可以用于组织网络甚至电网中故障的级联。所以，信息级联模型的基本特征，即表面上稳定的系统中可以突然出现面积非常大的信息级联，也可以被解释成复杂系统固有的脆弱性，即便是看起来坚固的系统。

几年之前，琼·道依（John Doyle），加利福尼亚理工学院的数学家和金·卡尔森（Jean Carlson），加利福尼亚大学圣巴巴拉分校的物理学家，提出了他们称为 HOT（ highly optimized tolerance 的缩写，即高度优化的容错性）的定律，来解释从森林火灾到大停电等现象的规模大小的分布律。他们最让人吃惊的结论是复杂系统常常同时表现出坚固性和脆弱性。因为它们需要在现实世界生存，复杂系统一般能承受各种形式的干扰，这是它们被设计或者自己进化成的样子。实际上，如果它们不能这样，就必须进行修改或者消亡。但正如先前的阈值模型那样，每个复杂系统都有弱点，一旦以一种合适的方式打击它，即使是最费尽心思构建的系统也会倒塌。一旦这些弱点表现出来，我们就会立即修复它，因此我们以某种特别的方式（自然选择以其独特的方式来对待弱者）提高了系统的坚固性。但是他们同时又证明了，这并不能根除系统的脆弱性，它只是被转

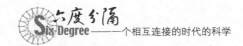

移了。在其他时间，可能以其他类型的事故的形式表现出来。

　　飞机就是这种既坚固而又脆弱的现象的好例子。一般来说，一旦某种飞机的一个设计缺陷表现出来（有时会使它从此告别天空），调查者就立即开始寻找这个问题的根源。世界上所有这种飞机都会被检查，并且在必要的情况下进行修复，以避免问题重现。总的来说，这是一个很有效的过程。同样的缺陷导致飞机失事的情况也确实很少见。但是这并不能完全避免飞机失事，原因也很简单，即使是世界上最好的维护过程也不能保证避免未知类型的故障。

　　跟一些巨大的组织机器，如安然（Enron）公司和凯马特（Kmart）公司比起来，飞机不过是小孩子的玩具。然而这两家公司却在 2001 年 12 月到 2002 年 1 月突然意外地宣布破产，当时我马上就要写完本章的内容了。在现实世界，没有足够多的认真的计划甚至尖端科技能够避免这些不时发生的灾难。那么我们就应该放弃吗？当然不是，伯罗、道依和卡尔森，谁也没有说事情毫无希望，只是我们有必要建立一个更完整的坚固性的概念。我们不仅仅要在设计系统时让它防止的故障尽可能多，还必须知道无论我们如何努力，故障也一定会出现。真正坚固的系统是即使在灾难的打击下仍然能够存活下来的系统。复杂组织坚固性的两面性是，一方面防范故障，另一方面又要为故障的出现做好准备，这正是我们将在下一章中研究的问题。

第

9
章

创新、适应
和恢复

1999 年 1 月，当时我是圣塔菲研究所的博士后，我给来自研究所的商业伙伴———一些在经济上支持研究所的公司———的代表们做了一个报告。在场的还有查尔斯·萨贝尔（Charles Sabel），哥伦比亚大学的法学教授。我与他见过一两次，但对他的了解却主要由于他那爱争吵的名声。那时我已经多次做过关于小世界问题的报告，所以当我开始滔滔不绝地讲述的时候，只是希望不要太枯燥以至催人入睡。在报告结束后开始整理材料时，萨贝尔急匆匆地向我走来，向我挥手并坚持要和我谈谈，我感到很惊讶。因为据我对萨贝尔所做工作的了解，他关心的是现代工业和商业过程的发展演化，与我的研究没有多少关联。此外，我不理解他在说什么。尽管我后来发现萨贝尔是一个相当有趣的思考者，他的态度那么激烈，作为典型的哈佛培训出的知识分子，他的讲话充斥着令人生畏的词汇，错综复杂的推理，抽象的结论。倾听萨贝尔的想法就像用消防水管喝酒———这确实是好东西，却

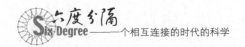

依然可以淹死你。

几分钟后，我的眼睛开始发涩，于是我匆匆地给了他一份我正在写的书的原稿便逃之夭夭，希望那是最后一次见他。那是在我了解萨贝尔之前。几周之后，电话铃响了，打电话的正是萨贝尔。这次他是真的非常兴奋。他不仅读完了整本晦涩难懂的原稿（在飞机上），还确信他最初的直觉是正确的，我们应该考虑合作起来做一个项目。我其实仍然不明白他在说什么，却被他的热情感动而同意了。然而当八月萨贝尔再次出现在圣塔菲的时候，我开始恐慌了。我怎么能花费整整一个月时间，和一个我难以理解的人一起研究一个从未听说过的项目？当我刚要试图把整个情况描述成一个不幸的错误时，他讲了一个故事，把我给深深地吸引住了。

TOYOTA—AISIN（丰田—爱信）危机

在 20 世纪 80 年代，日本的汽车工业是受世界羡慕的对象。日本企业如丰田和本田掌握了一整套生产过程，例如 JIT 实时库存系统、并行工程（其中相互依存的部件设计与规范说明书的形成是同时进行而不是按顺序进行的）和交互检测，从而成为现代精准企业概念的典范。尤其是丰田，被全世界的管理专家作为效率与创造性完美结合的光辉榜样。迅速地制造出大批量的、具有世界上最好的设计同时又具有使其欧洲竞争者望而却步的价位的轿车。年复一年，丰田使底特律的产物看上去像一个学着做健身操的 800 磅重的大猩猩。

令人惊讶的是生产丰田轿车和卡车的工业巨人并不仅仅是一个单独的公司。事实上，它是一个由大约 200 个公司构成的，因供应丰田从电子零件到座垫等所有各种部件而形成的具有共同利益的群体，即众所周知的丰田生产系统（Toyota production system，TPS）。TPS 是基于大部分日本（现在也包括美国）工业企业所采取的同类工业和设计协议而形成的群体，所以在某种程度上它并没有什么特别的。使它独特的，是这些协议在丰田内部被近乎宗教狂热般的执行。团体中的公司，甚至是那些为了丰田业务相互竞争的，也合作到了看上去几乎和它们利益相对的程度。它们定期进行人员交流，分享知识产权，并且在时间和资源的消费上彼此协助，都没有要求正式合同或者保有详细记录。在许多方面它们看起来更像是兄弟而非公司，它们像在竭力争取得到一位总管全局的老母亲的认可，这位老母亲对于每个儿子的关心，和她对于整个系统的效率的关心一样多。

这看上去或许是一种管理家庭的好方法，但并不见得是一种生产汽车的好方法。尽管如此，从20世纪80年代起，美国的公司，从汽车制造到微处理器、软件和计算机工业都开始接受日本的生产方法和规定。一个接一个的行业被卷入这股日本激起的潮流，业务流程再造（BPR）、全面质量管理（TQM）和实时存货系统（JIT）成为流行的口头语。这场变革的最后结果是，20世纪90年代末期的美国企业，看上去已经不再像20年代按照福特和斯隆的爱好生产汽车并从此成为企业秩序典范的纵向整合层级结构。尽管美国的汽车巨头如此努力地试图改变，它们却从未有能力与其日本对手的表现相媲美。接着在几年前，丰田经历了一场巨大危机使得整个世界汽车行业目瞪口呆。这不仅在于丰田的创新生产系统竟然会使公司陷入如此可怕的困境，还在于正是这个系统使公司能够迅速从危机中脱身。

在丰田的生产团队中，最重要且被信任的成员之一叫作爱信精密机械公司（Aisin Seiki）。在早期爱信是丰田的一个部门，1949年它脱离出来成为一个单独的公司，集中于刹车部件制造这一特定行业。爱信生产了一类被称为P—阀门（P—valves）的设备应用于所有的丰田车辆中，通过控制后刹车上的压力来辅助防滑。大约有一包香烟的大小，P—阀门也并不是那么复杂，但因为其角色至关重要而必须精确制造，所以由使用定制钻头和仪表的高度专业化设施来生产。由于其毫无瑕疵的生产纪录，到1997年爱信已成为丰田P—阀门的唯一供应商。并且因为追求效率，爱信将其所有P—阀门生产线集中安装在一个厂里，这就是刈谷第一工厂（Kariya plant number 1），当时它每天生产32 500个阀门。最终，由于它实行的成功的实时库存系统（JIT），丰田只需要保有大约两天的P—阀门存量就可以了。因此，刈谷第一工厂的生产成为丰田供应链中最为关键的环节。没有刈谷第一工厂就没有阀门，没有阀门就没有刹车，没有刹车就没有汽车。

然而，在1997年2月1日，一个星期六的清晨，刈谷第一工厂失火了。到上午九点，所有 P—阀门的生产线，包括离合器、汽缸以及爱信为了制造和质量控制用的所有专用设备都被毁了。仅仅五个小时，爱信生产 P—阀门的全部生产能力丧失殆尽，重建需要好几个月。当时，丰田运行着大约 30 条生产线，每天出厂超过 15 000 辆汽车。到星期三，2 月 5 日，所有的生产都陷入了停顿，不仅是丰田，还有所有与丰田相关的服务商与供应商。整个神户工业区里，那些平日里趾高气扬的工厂沉寂了。不可一世的丰田集团就像神话中的巨人哥利亚一样，被一块正中要害的石头打倒了。没错，这是真正的大灾难，仅次于两年前发生的阪神大地震。

下一步将会发生什么事情呢？其实，这和灾难本身一样富于戏剧性。在爱信和丰田的准确安排下，通过超过 200 个公司令人惊讶的、协调一致的努力，在火灾后的三天之内，超过 100 种的新的 P—阀门的生产就恢复了。星期四，2 月 6 日，丰田的两个工厂重新开工。灾难过后一周多一点，从星期一开始，汽车的日产量已经恢复到 14 000 辆。再经过一周，日产量就恢复到了灾难之前的水平。即使这样，根据日本通商产业省的统计，损失高达日本全国交通业二月份产值的十二分之一。

如此巨额的损失，一个月、即使一周的停产，这都是不可想象的灾难。很显然，对于丰田来说，无论是恢复其自身的生产，还是继续推进业务，都需要对集团中的所有公司具有足够的激励措施。然而，正如西口俊和亚历山大·比德特（Toshiihiro Nishiguchi and Alexandre Beaudet）在关于重建的详细报告中指出的，再强有力的激励措施也是不够的。不管丰田集团中的这些公司多么想帮助丰田，它们首先要具有提供这样的帮助的能力。请记住以下这些事实，62 个公司中只有很少几个成为 P—阀门的应急生产者，有超过 150 个公司作为供应商间接参与此事，而它们以前并没有制造阀门的经验，更没有大火中毁掉的那些专用设备。有一个名叫"兄弟"的公司也参与了恢复的工作，但是其实这是一个制造缝纫机的制造商，根本没有生产过汽车零件。所以有趣的问题不是它们为什么参与这场戏剧性的恢复行动，而是它们是如何参与的。

在大火还没有完全熄灭的时候，爱信当班的工程师立刻评估了危险，并且准确地确定了当时他们必须做的事情。他们立刻意识到将要来到的恢复的重任，当然首先是尽可能降低灾难带来的损失。作为一个公司，许多恢复的工作已经超出了他们的能力范围，超出了他们可以直接提供的努力。恢复灾难需要更大范围的、不在他们控制之内的努力。就在这天早上，应急指挥中心建立起来了，爱信尽可能广泛地发出了求援的呼吁。很快，丰田集团的各个公司做出了回应。

然而，在这样的特殊情况中，提供帮助本身就是一件困难的事情。因为这些公司缺乏生产 P—阀门的工具和专门技术，它们不得不飞快地自己发明，现制定生产流程，同时解决设计和生产中的问题。更糟糕的是，爱信的专门技术和经验是和自己的生产流程紧密结合在一起的，对于现在的迫切需要没有多大用处。再有，在危机的旋风中，爱信很难联系上。尽管添加了成千条电话线，各种各样的询问、建议、方案以及新的问题使得爱信的电话总是接不通，使援兵无法到达。

在这时，以前所有的训练和积累开始发挥作用了。丰田生产系统的多年经历，使得集团中的所有公司对于如何应对和解决问题具有共同的理解。对它们来说，设计和工程施工两者并行已经是常规的活动方式。爱信公司是知道这点的，所以它只需要用最简明的语言表达需求，从而给这些潜在的供应商，在决定实施细节的时候留出最大的自由空间。更重要的是，在具体情况和细节完全是未知的时候，也就不存在合作和协调的问题。参与恢复行动的许多公司之间，以前都曾和爱信公司有过人员交流和技术交流活动，它们彼此之间也有经常性的交流。因此，它们可以用电话联系、共享信息资源以及人员之间业已存在的社会联系等方法进行沟通。它们彼此之间相互理解、相互信任，每一项安排不仅是信息的快速传送，而且是一种动员和对提供资源的承诺。

有些公司还对于自己的生产优先次序进行了重新安排，以便支持恢复工作，为此它们削减了其他工作，或者把技术性不那么强的工作外包出去。另一些公司在全国到处寻找和租用钻头以及相关的测量仪表，甚至到美国去找，为此清空了橱窗，而不顾这样做的代价和后果。丰田集团从两个方面同时入手。首先，它把主要损失的压力从一个公司分散到几百个公司身上，从而使集团中所有成员的损失都能够最小化。其次，它们迅速地重新组合分散在各地各公司的、类似的相关资源，以便尽快地生产出 P—

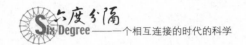

阀门的替代产品。它们在完成这些任务的时候并没有造成新的问题或故障,其中很少有集中的指令,几乎完全没有正式的合同。所有这些是在三天里完成的。

感谢西口和比德特这样的研究人员,使我们能够得到关于爱信危机的起因和后续情况的详细记录。这样从某种意义上,我们可以知道这个危机是如何解决的,以及是什么使丰田集团中的这些公司能够解决这样的危机。然而,就像在前面提到的电网中连锁事故的例子一样,我们只是看到了这样的事实,但是无法解释为什么一个事故就使得系统全面崩溃;类似的,我们也无法解释文化风尚的形成和流行,简单的历史纪录并不能告所我们,为什么人们一下子都喜欢上了某一样物品而不是别的物品。同样,在现在的这个例子中,我们还是不清楚是什么使丰田生产系统能够承受如此巨大的冲击。

在电网的例子中,庞大系统的一个组成部分的失效在系统中扩散,最终酿成了全局的、灾难性的崩溃。但是,在爱信的例子中,情况则是相反。在几乎没有中央控制的情况下,系统迅速地恢复过来,就像是死而复生一样。是否能够想象,1996 年 8 月,当电网出现第一个故障的时候,它就能够用某种方法自己修复这个故障,在几个小时后重新站立起来,而控制人员根本不需要做什么?在工程师的眼中,这样"自我修复"的系统是很有吸引力的,而我们的世界似乎就是这样组织起来的。从爱信危机的例子中,我们可以学到如何设计一个系统,使它能够自己从潜在的、毁灭性的打击中恢复起来。更一般地说,在现代工业组织的结构方面,丰田生产系统可以给我们什么启发?它究竟是如何获得成功的?公司的效率,即它在资源配置、创新、适应和解决问题(包括日常工作中的问题和上述更加根本性的问题)方面的能力,与它的组织结构有什么深层次的、内在的关系?

市场和层次

产业组织实际上是一个老课题,早在工业革命的经济和社会上升期就已经存在。亚当·斯密在他的奠基之作《国富论》中就已经讨论了产业组织的议题。他专门讨论了分工的问题,他通过对制造业工厂中工人活动的仔细观察，提出了这样的原则：把比较大的任务分解成比较小的专门化的子任务，能够提高效率。他举的例子中，有一个关于制造针的例子。虽然看起来很简单，针的制造需要通过 12 个步骤，包括拉细铁丝、切断铁丝、砸扁针头、钻针眼等等。在那时（18 世纪末），即使一个技艺高超的工匠，一天也只能生产出一小把针。亚当·斯密观察到，如果把工人分成 10 个人一组，每个人制作一两步工序，并且用专门的工具，生产出来的针的数量就能成千倍地增加。

把工人分成组，让他们分别执行一项复杂任务中的各项专门的任务，这样就能比让他们每个人都做整个复杂任务要有效得多，这实际上是人类长期学习得到的一个基本结论。所谓"边干边学"也是一个一般的原则，我们做某件事情越频繁，就做得越好。而如果我们只有少数几件事情要做，我们就能够更加经常地做这些事情。类似的，如果我们只做整个生产过程中的一步，我们会做得非常好，远比我们必须去做所有步骤的时候强得多。这种由于每个工人边干边学得到提高而产生的效益被称为专业化收益。当进一步把复杂过程的各个环节分给不同的人去执行，从而可以同时并行的时候，这种专业化效益就又会增加许多倍。

所以，专业化程度越高，公司的效益就越高。例如，在汽车行业，按照汽车的主要部分就可以很明显地分成车身、发动机、传动装置、内装修等几大部分。这几大部分本身仍然是一个复杂的生产过程，需要进一步专业化。例如发动机，它可以进一步分为汽缸、燃油供应、冷却系统、电气系统，而这些也都还可以进一步分解。如此等等，一直到把汽车生产的复杂过程分成许许多多的基本工序。这中间的每一步，都能够带来专业化收益，所以总的收益是非常巨大的。

亚当·斯密对于专业化收益感到很骄傲，他认为劳动分工是文明社会的一个基本特征。在没有专业化分工的社会里，每个家庭生产自己所需要的一切，包括食物、衣着、住房，一直到所有的日常用品。在这样的社会里，人的一生就是一份全时的工作，每一代人都被迫一切从头做起，按照同样的生活轨迹，一直走到生命的终结。学校、政府、专业化的军队都不能存在，也不能出现制造业、建筑业、交通事业和服务业。但是，亚当·斯密虽然把分工看作是产业组织的核心，但他并没有具体说明子任务是如何集成为整个任务的，其中的机制仍然需要说明。在《国富论》中，亚当·斯密绕过了这个议题，只是指出专业化的发展程度可能是取决于市场的发展程度。这就是说，潜在的消费者越多，公司可以用来投资建立生产设施、设计和创造专用机械、雇用工人的资源就会越多，这得益于经济的规模。但是，这样的描述并没有说明为什么要有这样一个被称为"公司"的正式的实体来负责生产，而不是别的什么人，例如独立承包人、临时工或者顾问。

劳动分工并不意味着必然需要公司。从我们对于 19 世纪和 20 世纪初工业化过程历史的考察可以看出，这种层次的授权结构的公司是早就存在的。把业务分解可以提高效率，分解往往是一层层地进行的。但是，这并不意味着公司的组织也必须是层次结构的。当然，工业革命以来形成的许多公司确实是层次结构的，所以 20 世纪经济学的共识认为这种结构是产业组织的最优选择，相应的，公司的内部结构也就应该是层次结构的。

长话短说，为大多数人所接受的传统经济学理论，都把世界分成互不相干的两个部分，层次化的结构和市场。公司之所以存在，就是因为现实世界中有很多无效率的现象。诺贝尔奖获得者、经济学家科斯（Ronald Coase）把这些现象称为交易费用或交易成本。如果在经济活动中，任何人都能够发现对方的问题、撤回合同或强制执行合同（例如，假定我们每个人都是独立承包商），那么市场的巨大灵活性就会有效地发挥作用，从而使公司的存在不再有必要。然而，在现实世界里，正如我们在许多情况下已经看到的，信息的获取是需要代价的，而且信息的处理是很困难的。再者，任何两方之间的协议，即使开始的时候在双方看来都确实是个好主意，也会面临将来的不确定因素和不测事件。假定双方同意并已经签约的一个合同，在某一时刻突然显示出对其中一方不力，这一方就想毁约，但这将给另一方造成损失。在一个充满不确定性和难以预测的环境中，真实的意图是很容易被掩盖的，因此，强制执行合同将是很困难的，需要付出十分昂贵的代价。

科斯的主要论点就是：公司之所以存在，就是为了避免所有这些与市场交易相关的成本，取而代之的是一个统一的雇佣合同。换句话说，在公司内部，市场不再起作用，雇员的所有技能、资源和时间都将通过严格的权威结构加以协调和调用。虽然科斯本人并没有说明这样的权威机构应当是什么样的，但是由此引出的经济理论普遍认为它必然是层次结构的。而在客观世界里，市场交易的行为仍然在公司之间天天进行着。市场和公司的边界实际上是一种权衡，在企业内为了实现某项功能所需要的协调成本，与在市场上得到一个外部合同所需要的交易成本，两者之间哪个更少。如果两个公司之间的关系变得很特殊，其中一个居于有效地支配另一个公司的地位，这时的解决办法就是两者合并或者一个收购另一个。在这样的发展进程中，公司是以一种纵向集成的方式进行的，一个层次结构有效地把另一个层次结构吸收进来，形成一个更大的纵向集成的层次结构。反之，当一个公司断定某项内部功能过于昂贵的时候，其做法可以是把层次结构中的相关分支分割出去，形成一个专业化的子公司，也可以是取消这个分支，把该功能外包给别的公司。不管是以上的哪种情况，公司始终是层次结构的，而市场则在公司之间运作。

　　这个理论看起来是很完善、很完整，并且统治了有关公司的经济理论领域达半个世纪之久。但是，1984 年麻省理工学院的两位教授，一位经济学家和一位政治学家，出版了一本革命性的书，对此首次提出了质疑。这一把火引起了关于产业组织的真实本质以及对未来经济增长的越来越激烈、越来越混乱的争论。书名是"第二次产业分化"，两位作者中的政治学家名为查尔斯·萨贝尔（Charles F. Sabel），就是后来在圣菲研究所抓住我的那个萨贝尔。

产业的分化

　　从经济学家的观点来看，萨贝尔和他的合作者麦克·皮奥里（Micheal Piore）首先引起争议的观点（如果不是最重要的观点的话），在于他们宣称，现在的公司理论是不符合实际情况的。他们认为，现在的经济学家是在大规模的工业化已经成功地确立了纵向集成的模式，并且相应的规模经济已经形成之后，才发展出他们的公司理论的。所以，大规模的、纵向集成的层次结构只是公司的一种特殊形态而已，不像现有理论说的那样，别的公司理论都是没有意义的。皮奥里和萨贝尔指出，回顾 19 世纪末，在产业和公司的现代形式刚刚出现的时候，这种层次结构并不是仅有的成

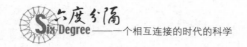

功模式，而且也不是基于一般经济原则的、最终得到证明是最优的模式。

当然，纵向集成成为主导的产业组织模式并不是偶然的，而是有多方面原因的，而且当时它确实也做得很好。皮奥里和萨贝尔强调的是，组织形式是由于要解决问题、寻求解决方案而提出来的，这些问题部分是经济的问题，但是也有部分是社会的、政治的、历史的。经济决策受到非经济因素影响的最明显的表现，就是技术发展遇到分叉点的情况，我们称之为产业分化。在这种情况下，对于面临的问题需要在不同的、互相竞争的方案之间进行抉择。一旦做出决定，获胜的方案就被锁定，成为长期的；而这以后，世界就好像完全忘记了当时还有别的方案似的。

皮奥里和萨贝尔认为，这种产业分化的第一个例子就是工业革命本身。在工业革命期间，大型企业纵向集成的模式、高度专业化的生产线、没有专业技能的一般工人，这一切战胜了甚至消灭了过去占主导地位的、由具有高超技能的工匠操作通用工具和机器、依靠能工巧匠的模式。从那时后的一个世纪中，产业组织遵循的就是这种模式。就像在科学研究中，研究人员很容易局限在某个特定的科学模式中一样，经济学家、企业领导、政策制定者也经常很简单地认为，除此以外没有别的模式是可以想象的。分工、产业组织、纵向集成都被认为是同一件事情、同一个概念。

然而，从 20 世纪 70 年代后期起，世界开始发生变化。战后工业化国家经济的高速发展，已经达到了它们国内消费市场的需求极限，进一步的发展要求生产和贸易的全面全球化。与此同时，部分地基于同样的理由，1944 年布雷顿森林协议建立的固定汇率体系开始崩溃，第一条裂缝就是，战后许多国家赖以重建经济的贸易关税壁垒开始倒塌。这种全球经济的结构变革，由于一系列的经济和政治冲击而变得更为严重，两次石油危机相继而来，伊朗 1979 年的革命，美国和欧洲的失业率上升和通货膨胀同时出现，所有这些使得工业化的世界貌似可以永远繁荣下去的形象变得残缺不全。在大约十年的时间里，世界变成一个更加阴暗、更加不确定的场所，业界领袖们不得不开始到通常的经济思维框架之外去寻找出路。虽然每个关注者都很清楚，战后的盛宴已经结束，但是似乎没有人认识到旧的经济秩序本身已经过时，事实上，世界已经进入了第二次产业分化。

所谓的第二次产业分化，部分地只不过是经济版的皇帝的新衣，部分地则是编织一种替代的、好一点的衣服的尝试而已。皮奥里和萨贝尔指出，依靠能工巧匠的经济模式并没有完全消失，至今仍在意大利的北部制造业地区以及法国、瑞士和英国的一些地方继续坚持着。它们在这些地方继续生存，部分原因是它们独特的历史、在传统的以家庭为基础的生产系统间存在着的社会网络，以及它们所代表的专门技能在地理上的高度集中。此外，这种生产方式之所以能够生存下来，还在于它们的应变能力，这使得它们在迅速变化和难以预测的产业中比纵向集成的规模经济更为优越，例如依赖于迅速变化的时装世界的纺织业。

这种模式能够坚持下来，更重要的原因还在于它们的另一个基本特点，皮奥里和萨贝尔称之为灵活的专业化，这一特点逐渐地被许多公司采纳，即使在规模经济占绝对优势的产业中也是如此。例如，美国钢铁产业花费了 30 年的时间淘汰传统的鼓风炉技术，以便适用于较小的、更灵活的小型工厂。灵活的专业化是纵向集成的层次结构的对立面，它寻求的是范围经济，而不是规模经济。灵活的专业化不是用大量投入去开发专业化的生产设施，形成严格的、又快又省的生产线，而是依靠通用设备和有技能的工人，生产出范围广、批量小的众多产品。

回到专业化的问题，要记住，它的优势来源于多次重复地执行有限的任务，而这只有在这些任务本身是固定不变的时候才有可能。所以，在变化缓慢的环境中，一般性的产品有大量的消费需求、选择的范围十分有限的时候，规模经济无疑是最优的。但是，在 20 世纪末迅速全球化的世界上，一方面，所有的公司都处于不确定的经济政治前景的巨大压力之下；另一方面，消费者的口味越来越多样化，经济的范围在明显地扩大。不确定性、含糊性、迅速的变化，换句话说，对于灵活性和适应性的喜好超过了对规模的追求。而从皮奥里和萨贝尔第一次指出这一情况以来，这 20 年中，我们在产业领域所看到的，正是越来越多的不确定性。

我曾询问萨贝尔，从首次提出这些观点以来经过了 20 年，现在回顾该书有什么感想？皮奥里和你是否被证明是正确的？答案是：也是，也不是。如果是说传统的纵向集成的层次结构正在被新的组织形式所取代，答案是肯定的。因为，这个客观存在的事实已经得到了公认（也许除了一些较为保守的经济刊物之外）。这种变化的原因在于过去几十年全球经济环境的变化以及不确定性的急剧增加在所有行业中都已经得到了证实，从传统的纺织、钢铁、汽车、零售等老行业，到生物技术和计算机技术这样的新兴产业，无处不是如此。但是在另一种意义上，答案是否定的。特别是近十年来的情况，使萨贝尔不得不承认，他们当时提出的关于灵活的专业化的解决方案是太不完全了。

模糊性

灵活的专业化所依据的基本理念在于，现代公司所要完成的任务是无从预测的、迅速变化的，从建造新型号的汽车到为春季时装目录提供新一波的面料，再到设计新的计算机操作系统，都是如此。在这样的环境中，企业不再投入大量的资本去建立专门的生产设施，而是以接受范围经济的方式，培育由具有高技能的工人组成的、灵活的团队，以便能够迅速地、反复地进行重组，生产多品种、小批量的产品。这就像是进行精细的配方一样。然而，这种方法又掩盖了另一种更为深层次的模糊性。其实，不仅公司面临着外部市场造成的关于究竟要生产什么的不确定性，在内部，究竟如何完成相关的这些任务也是不确定的，包括相应的成功因素究竟是什么。

在这些令人迷惑的问题背后，任何关于公司的理论都是立足于这样一个假定，这就是：即使一项复杂的任务是分散的、由许多技术工人并行地完成的，但是其设计总是要集中、自上而下地进行。萨贝尔从他 20 年前的书出版以后，就一直在考虑这个问题，他得出的结论是，这个假定其实只是一种约定俗成的虚构而已。在实际中，当一个公司启动一个新的大项目的时候，参与的人们其实都还并不知道这个项目如何进行。在变化迅速的行业中，从汽车到软件，在生产开始之前就完成设计的情况是没有的，项目效率的评估标准也是随着项目的进展而逐渐形成的。而且，没有一个人在整个项目中的地位和作用是事先确定好的。每个人都是从自己最初的、最一般的理解开始进入项目，并在随后和项目的其他参与者的反复交流中逐步明确和细化自己的职责。换句话说，现代企业中业务流程的模糊性，并不只是来源于外部环境的变化以至生产流程需要重组，还来源于设计本身以及相关的创新和解决问题的活动。业务流程的重组是和生产过程同时进行的，也同样是以分散的方式进行的。

当环境的模糊性比较低、变化比较缓慢、未来容易预测的时候，基本业务的模糊性是能够有效控制的，设计或者学习的阶段与生产阶段是可以完全分开的。在变化较慢的世界里，参与项目的人们有足够的时间去学习，确定生产流程的各种细节。这样一来，企业内部的这种人员的分工，很自然地就反映到组织结构上来，纵向的层次结构自然就延续下来了。

但是，如果环境变化加快，新的情况出现，企业面临的关键性的复杂任务就需要重新安排，人力资源也就要重新配置。然而，并没有哪位先知能够给出指示，要进行生产的人自己必须承担起这个任务。因而，在成功的公司里，在员工之间关于面临问题的解决方案的讨论和交流是持续不断的，这些员工对于面临的问题掌握着自己所了解的相关部分的信息，但是都不完全，谁也不能独自解决问题。并不是人们都知道哪些人掌握哪些知识，所以解决问题的第一步还不是如何组合必要的资源，而是到最近的地方去发现和找到这些资源。

这样的寻找过程，需要的是一种带有不确定性的方法，这是确实存在的。例如，在本田公司里，即使是例行的制造工作中的问题也要迅速地组织有关各方的临时班子来处理和解决，并不只是最初发现问题的那个环节的员工，这种临时班子通常是跨车间的，包括生产线上的工人、工程师和管理人员。这样做的理由是，即使看来很直接的问题，也可能是有来自深层的原因。所以需要找尽可能广泛的人们来一起寻找解决的方案。例如，在生产线上的最后检验阶段发现了一个小小的喷漆瑕疵，这可能是某台喷漆机的瓣膜出了问题，原因是这台喷漆机在超负荷地运行；出现这种超负荷运行的状况是由于另外一台喷漆机停止了工作；而这是由于它的控制软件有问题；这个问题是安装软件时的不正确操作。再追下去，原来是软件系统的管理员工作负担太重，把主要精力放在了帮助经理处理电子邮件上，如此等等。没有哪一个人知道所有这些事情，但是，像本田和丰田这样的公司，通过一种有效的、多样化的组合相关参与者的方案做到了这点，即使相当复杂的因果链也能够很快地被梳理清楚。

萨贝尔认为，程序化地解决问题的机制对于现代企业应对模糊性越来越大的商业环境来说，是至关重要的基本功能。所以，这是我们理解像丰田集团这样的企业复杂结构的关键，包括它们能够从爱信危机这样的打击中迅速恢复的能力是从何而来的。但是，目前的公司理论并没有跟上这种变化。经济学家们虽然渴望建立严格的分析模型，但是却始终不想考虑现代产业组织中内在的、必然的模糊性，也不把它吸收到自己的理论中来。于是，经济理论基本上还停留在市场和层次结构的二元体系的时代，而忽视了解决问题和处理危机的机制。而社会学家和企业分析师对于适应性和坚固性是很感兴趣的。但是他们也没有能够把这样的分析纳入他们的模型之中，也没有从理论上提出替代的方案，进而回答市场和层次结构的优化问题。萨贝尔感到需要开辟新的途径。

第三种方式

在我遇到他的时候，萨贝尔已经确信，模糊性和问题求解是企业行为的核心，而且是有确切的数学框架的。有一次，他曾这样说过："我知道答案应该是什么样，如果我是数学家，我就会马上把它写出来，可惜我不是数学家。"这就说明了，为什么他在圣菲研究所听到我一小时的关于小世界理论报告的时候会那么激动。他感觉我们的模型抓住了某些很重要的东西。和社会网络一样，企业中的个人也是从自己的角度出发，做出和其他人相关的决策，而且这种决策会产生全局性的后果。萨贝尔对于随机重新连接所产生的戏剧性作用特别着迷：为了求解问题，同一个团队（集群）中的个人，与组织中另一个原来距离较远的人建立联系（随机地寻找捷径），从而增加了整个企业的协调能力（缩短路径的长度）。这两个问题的平行似乎很明显，以至于我们当时认为，用一个月的时间就足以理清它们，搞清楚两者之间的相似点和区别。然而，时间从几周延长到几个月，又从几个月延长到几年。最终我们不得不承认，这件事情远比我们所预想的重要得多，也复杂得多。

我们决定寻求帮助。这时，我刚刚结束了在圣菲研究所的两年逗留，返回纽约，进入哥伦比亚大学的社会学系。很幸运，我的一位名叫彼得·多兹（Peter Dodds）的数学家朋友，也到了纽约。关于他我们在第五章曾经简略地提到过。我们两个在同一时间到了同一个地方，这本身就是一个关于小世界的故事。多兹是从澳大利亚到纽约来的，比我晚一年，他在麻省理工学院学数学。遗憾的是，斯道格兹在那时已经到康奈尔大学去工作了。我记得，在我们开始一起工作的时候，多兹曾经跟我提到在麻省理工学院的另一个澳大利亚人，并且说很遗憾他已经走了，但是以后我们就再也没有听到过那个人的消息。

两年以后，在伊萨卡的一次澳大利亚人的感恩节晚宴上，我们谈到了我刚刚开始进行的关于小世界的研究。其中有一位来自哈佛的学生，他是另一位康奈尔大学同学的兄弟。在听我说完以后，他说他的朋友彼得（Peter，多兹的名字）对此也感兴趣，他曾在麻省理工学院和他一起工作过，现在他到康奈尔大学工作去了。我说："那是我的导师。"在这以后又过了两年，我在圣菲研究所的办公室同伴，威斯特（Geoffrey West），一位杰出的物理学家和英国移民，对我说，他招聘了一位麻省理工学院的"你的老乡"来这里做博士后，我马上回答："等一等，让我猜猜他的名字，是彼得吗？"一点不错，就是多兹。就这样我们又碰到一起了。但是他并没有接受这个职位，而是跟着他的导师丹·罗斯曼（Dan Rothman）继续在麻省理工学院工作。你一定不会感到惊奇，罗斯曼也是斯道格兹的朋友。不过，不久罗斯曼访问了圣菲研究所，多兹也来了。由此我见到了罗斯曼，并在几个月以后得到了到麻省理工学院作报告的邀请，在那里我结识了罗（Andy Lo），并通过他得到了在麻省理工学院的职位，终于和多兹在一起工作了。一年以后，我们又一起得到了哥伦比亚大学的工作，先后几周内，我们都搬到了纽约。

差不多用了好几年，我们两个才从各自的轨道上汇聚到了共同的兴趣上来，我把和萨贝尔合作的问题告诉了多兹。他的博士论文是关于河流网络的分叉结构的，对于网络的数学文献很熟悉。当时他关注的是地球科学和生物学，对于投入社会学与经济学这样的陌生领域的确是有点勉强。然而，当他和萨贝尔见面之后，很快就被这问题吸引住了。他的好奇心迅速增长，随即就全身心地投入了这件事情。当然，取得真正的进展还需要时间。但是在这个方向上，我们已经看到我们关注的这个特定的问题——公司中模糊性和问题求解机制的作用，是和更一般的问题——网络的坚固性紧密联系在一起的，例如需要面对不可预测的故障、需要适应不同的用户

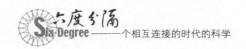

需求的互联网。

应对模糊性

这样，关于模糊性的问题最终落到了我们三个人的身上。然而，该怎么去做，还是模糊的。模糊性的概念似乎是很自然的，然而能给它一个确切的定义吗？为什么要去研究它？它是不是过于圆滑而难以抓住？不管怎样，我们必须找到切入点，否则怎么能保证我们建议的组织形式能够更好地处理模糊性呢。我们决定采取的办法是，绕过关于模糊性的来源的问题，间接地把注意力集中在模糊性的影响上。面对模糊环境中的复杂系统的时候，人们总是受制于各项任务之间的相互关系以及对于无法预测的未来的知识不足，因而需要和组织内一起承担这项任务的其他人交换信息，包括知识、经验、建议、资源等等。换句话说，模糊性要求相互依存的人们之间的沟通，交流信息和资源。当环境迅速变动的时候，频繁的交流就变得更加紧迫。

从长远来说，应对模糊性的问题相当于分布式的沟通问题，或者称为广义的通信问题。如果一个企业的内部没有有效的、分布式的沟通渠道，那它就不能有效地解决问题，不能有效地应对模糊性和变革。所以，从策略上来看，可以把组织看作是信息处理者的网络，这种网络的作用是有效地处理大量信息，而不要让个别的信息处理者负担过重。表面上看，这个问题和我们前面遇到的问题差不多。无论是疾病还是文化风尚的扩散，还是线路发生故障时如何与一个远处的目标保持联系，许多问题都可以归结到相互连接的网络中的信息传输。

但是，在组织网络和我们前面各章讨论的网络之间，有一个关键的区别，这就是组织网络具有内在的、与生俱来的层次性。关于企业的传统观念就是纵向的层次结构，这确实是很不全面的，但是并不是完全没有道理的。诚如前面所述，层次结构在模糊性和事故的处理上是很不理想的，但是对于发挥指挥和控制的作用却是很有效的。而控制至今仍然是商业公司与行政官僚体系的核心功能。一个人可以向多位领导报告，也可能在不同的时间向不同的领导报告，但是无论在多么自由的新型企业里，每个人总还是要有个领导。

而且，层次结构还不受限于企业中个人之间的关系。许多大规模的产业组织，从丰田集团到整个经济体系，都呈现出层次结构，甚至许多物理的网络也是按照层次结构的原则建造的，虽然它们往往并不是纯粹的层次结构。例如互联网，首先由其主节点构成骨干网，然后分层次地连接到较小的服务器，直到广大的最终用户。航空网络也与此类似。所以，虽然我们极力跳出关于企业层次结构的排他性的思维框架，但是我们必须认识到，层次结构仍然是现代企业的一个重要的属性。现有的网络模型，或者完全不考虑层次结构，或者只考虑层次结构。这给我们的工作留出了未知的空间。

组织网络不同于其他网络的另一个重要特点是，每个人可做的工作是有限的。这种限制对于现代企业必须执行的生产和信息处理两大任务都有重要的影响。在生产方面，效率要求企业尽量压缩工人非生产性的活动。这往往是出于这样的考虑：建立网络联系是要花费时间和精力的，并且需要有经常性的维护工作，而每个人的时间和精力是有限的，这就会使工人用于生产的时间和精力减少。对于生产效率的追求，正是层次结构的理念得以长期占据统治地位的原因。通过纵向集成，越来越多的层次增添进来，纯粹的层次结构越来越庞大。这是因为根据经济学中关于"控制幅度"（span of control）的概念，一个人能够直接管辖的人数是有限的。

但是，在问题求解导向的企业中，个人不只管理他的下属，还要协调他们的工作。根据这样的观点，真正的经理实际上并不是在做传统的制造业的具体工作。每次我坐在纽约和波士顿之间的大巴车上，听着那些经理或顾问们，拼命地打手机，绞尽脑汁地安排那些极端重要的会议，我总是想，在如此繁忙的夹缝中，这些人真的是在生产吗？如果所有人都是在忙着从一个会议赶到另一个会议，他们对于组织的生产效率真的有什么贡献吗？从信息处理的角度看，回答是，经理的基本任务其实不是生产，而是协调，在那些从事生产的人们之间设置信息和沟通的渠道或者泵。从这个观点看，各种会议，包括年会、项目协调会、指导委员会等等，无非是组织中各部分人交换信息的制度化的方法而已，尽管这些会议在我们外人看来（有时候对于会议的参加者看来也是如此），简直是在浪费时间。但是，

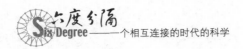

任何渠道或者泵，包括传递信息的渠道或者泵，其能力总是有限的。精力再旺盛的经理，能够参加的会议总是有限的，加上频繁的奔波跋涉，人总要累垮的。

　　所以，一个具有坚固性的信息处理网络，不仅需要合理分配生产的负担，而且要尽量分散信息处理的负担，控制信息处理的数量，以避免过载导致的崩溃。层次结构虽然能够建立很有效的分配网络，但是在需要重新分配的时候就不行了。例如，我们设想，在一个组织中，通过一条严格的命令链，所有的活动都得以及时下达、安排和协调。理论上，这样严格的层次结构是存在的，军队就是一个典型的例子。但是，在实际生活中，一旦任何模糊性进入视野，这条命令链马上就会被无穷无尽的、关于信息和指令的要求堵塞。为了说明这种情况，从图9.1中随意选一个起点（S），假定它发出一个消息给一个目标（T），请求它提供某种信息或支持。在纯粹的层次结构中，这个请求必须首先通过命令链上升到离这两个节点最近的公共上级节点A，然后，再从A顺着命令链传到目标节点。这个请求的成功传递，取决于整个命令链上的每一个节点是否都能准确地执行这个信息转送任务。但是，要知道，并不是所有节点需要处理信息的负担都一样重。就像图9.1所标明的，命令链中节点层次越高，就会有越多的节点对需要通过它相互传递消息，所以它的信息处理负担就越重。在模糊环

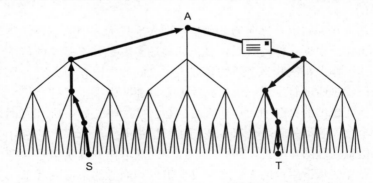

图9.1　在纯粹的层次结构中，节点间的任何消息都必须顺着命令链传递，这就使得许多对节点间的信息要通过顶层的节点，使得它的负担非常重。图中的A就是消息源S和目标T的最低共同上级。

境中运行的纯粹的层次结构中，信息处理的负担被极不平均地分配到各层次的节点上，除非它有另外的补救办法，否则整个层次结构就会崩溃。

在物理的信息处理网络例如互联网中，这种与层次相关的不平衡，可以用增加相关服务器或路由器的能力的方法加以缓解，虽然不能完全解决。例如，互联网主干网的路由器，就比你的计算机到你的服务提供商（ISP）的路由器处理能力大得多，甚至比从 ISP 到骨干网的路由器的处理能力大得多。还是像图 9.1 所表现得那样，像你一样的几百万用户都要通过骨干网发出信息，而共享 ISP 的用户人数就要少得多。在图 9.1 中，ISP 就相当于 S 的直接上司。然而，在组织网络中，人们不能简单地增加人脑的大小和速度，这可要麻烦得多。当然，某些人会比另一些人工作更努力、效率更高。但是无论如何人和计算机是不一样的，人是不能简单地按比例放大的。所以，如果需要求解的问题增多、增加难度，或者简单地，只是层次结构的扩大，都会导致对于命令链的压力加大，从而必须寻求减轻压力的途径。

一个十分明显的办法是，创建一条捷径，跳过那些过载的节点，通过建立新的网络联系使拥堵的信息找到新的通道。当然，建立和维系新的联系是需要减少人们用于生产的时间的，联系和拥堵都是要付出代价的。怎样才能有效地在这两者的费用之间取得平衡呢？在我们关于小世界网络的研究中，斯道格兹和我发现，在相距很远的节点对之间增添联系、形成捷径，能够有效地降低沿着长长的链路上所有中间环节的拥堵程度。随机地增添捷径，可以大大缩小节点间的平均距离，可以使世界变得更小，因而是减轻拥堵的有效途径。但是，纯粹地随机增添有两个大问题需要解决。首先，它没有考虑层次结构形成过程中本身固有的层级差别。其次，同时增加许多连接，必然要求普遍增加处理信息的能力。正如我们以前强调过的，组织中人的信息处理能力是有限的，所以每一条捷径能够减轻的拥堵是有限的。其结果正如我们在图 9.2 中所看到的，上面的一条线表明，用随机增加的方式添加连接时，对于大多数节点来说，负担的减轻是很缓慢的。因此这在防灾方面很少得到使用。正因为世界很小，所以并不需要同时具备有效性和坚固性。

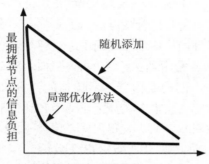

图 9.2 增加新的连接可以使大多数节点的信息处理负担减轻，但是其效果与添加的方式有很大的关系。如果是像上一条线那样随机地添加，负担的下降是很缓慢的。但是如果按照像图 9.3 所示的方法那样添加，少数几条连接就能够产生很大的效果。

多尺度网络

平均地、随机地添加新的信息连接不能有效地减少信息拥堵。那么应当怎么办呢？要回答这个问题是很困难的，因为这又涉及局部的信息处理能力的限制和系统的、全局的效率之间的权衡问题。幸运的是，层次的本性提示了一种简单的局部算法，可以提供接近最优的方案，这在图 9.3 中表示出来。因为所有消息的传递都要经过最邻近的节点，所以很自然，任何一个节点的信息负担都会因为增加和最邻近的节点的连接而减轻很多。这样一种纯局部的策略，是否能够对于减轻整个网络的信息负担做出显著贡献，使其接近最优呢？这并不是显而易见的。你可能会想，信息并没有减少，只是路径变了，也许在别的地方会增加拥堵。事实上，在实际工作中这种措施往往是对最拥堵的节点采取的策略（如图 9.3 所示），这些节点并没有因此增加负担，所以总的系统信息负担是会有所减轻的。

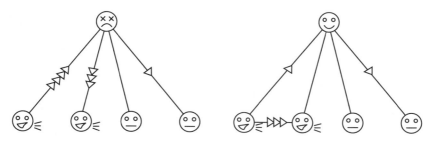

图9.3　一种局部优化算法。一个最拥堵的节点，通过让它的两个最接近的邻居建立一个新的联系，而减轻了信息负担（箭头表示信息流）。

图 9.2 下方的那条线表明这种简单的局部优化算法，对于减轻信息拥堵来说，要比纯粹用随机的方法添加联系好得多。在许多情况下都是如此。然而，这样做究竟会导致什么样的网络结构，这要取决于环境要求解决的问题的种类。如果问题是纯粹局部的，要求传递信息的范围就是同一个项目组的人员，例如在同一个 ISP 的用户们之间，就可以建立一个小组进行交流，从而有效地减少拥堵。当整个部门面临问题的时候，部门管理人员会感到非常紧张，压力很大。他们会发现，如果让成员们自己进行交流和合作，而不是都等着他的直接指令会好得多，就像图 9.3 所表示的那样。由此产生的总体效果就像图 9.4 显示的那样，在这里各个层次上的、在同一位直接领导管理下的工作人员形成了相对独立的集体。

局部的项目组

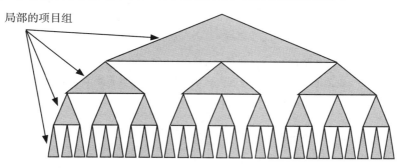

图9.4　当传递的纯粹是局部信息的时候，优化的网络结构由各个层次上的小集体组成。

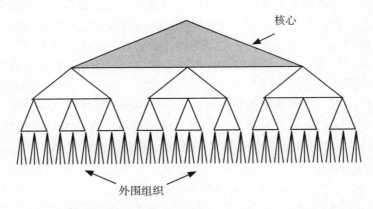

在另外一个极端，当信息传递需要跨越很远距离的时候，比如在公司不同部门的人员之间，几乎所有的信息负担都要集中到最顶层。如图 9.5 所表示的那样，由此形成的网络被分成两个层面，一个紧密联系的核心层，类似于公司总部或中心指挥部；一个分布式的、分别承担各项生产任务的外围层。在这种情况下，核心层需要处理大量信息需求，所以需要建立许多纵向的和横向的信息联系。而在核心层内部，每个人之间都必须随时相互了解、相互支持，以免被巨大的压力压垮。这样一来，从下面来的压力就能够有效地得到缓解。在这种情况下，模型就形成了一个有效的信息处理层。就像一个公共大巴总站的经理，这里的工作人员的全部任务就是及时处理那些面向生产的工作人员们的信息需求。因为他们的基本任务就是正确地传送信息，所以他们需要和其他管理人员紧密地联系在一起，参与所有的会议。

核心

外围组织

图 9.5 当传递的纯粹是全局信息的时候，拥堵集中在层次结构的顶层，由此形成了由信息管理人员组成的核心层以及由专门从事生产的工作人员组成的纯粹层次化的外围层。

虽然这是一个非常极端的模型，特别是对于由人组成的系统来说，然而这个核心—外围组织确实是和一些实际存在的网络系统很类似，例如航空网络和邮局系统。这两类系统都有紧密联系的核心层（旅客和信件的集散中心），同时，又有分布广泛的、树型结构的分配和传递系统（航线和邮路）。例如，美国的航空系统中，在一些大的中心机场（类似于网络中的中心节点，hub）之间，人们可以直接飞抵；它们构成了骨干网，即这个网络的核心层。每个中心机场又有自己的局部航线，通向它连接的第二级或第三级机场，接送来往的旅客。美国的邮局系统也很类似。它通过许许多多的小邮局甚至邮箱收集信件，随后分送到散布在全国的企业和居民。而且它还部分地具有重新递送的功能，这种功能是和正常的递送功能分开的，主要是由大邮局和交换中心完成的。

在一定的程度上，这种核心—外围组织也可以在互联网里看到。它具有一个相对紧密联系的骨干网，其中的路由器直接连接着许多其他的路由器；然后由它们伸展出去许多树型的网络分支，到各地的本地服务商，一直伸展到个人用户，这些叶节点就是树型结构的末端。虽然不像航空线路那么明显，在互联网中，这种核心—外围组织和信息重新发送功能的结合也是可以观察到的。一方面，同一个地方的 ISP 管理着局部的用户，另一方面，散布到全世界的广泛用户之间也不断地进行着频繁的信息交流，在这里，信息重新发送的负担就集中到了骨干网的身上。

现代企业和公共机构所面临的模糊性，要比上述的纯粹局部和纯粹全局的情况都要复杂得多。而且，这里的节点是人，而不是路由器或者办公室，所遇到的问题也不像运送旅客和送信那么简单。在这里，减少拥堵的算法问题，与考虑问题本身的属性相比自然就要退居第二位了。真正困难的模糊性出现在这种情况下，需要解决的问题以及相应的沟通要求的是各种尺度上同时出现的、相互纠缠的复杂关系。典型的情况是，大量需要解决的问题是局部的，即使是在环境复杂、变化迅速的情况下，在工作人员的项目组内进行交流就够了。而一些不是例行任务内的问题，则需要到比较远的地方去寻找相应的信息和资源，就像我们在前面关于本田的例子中提到过的。当然，不一定很远，也许是本车间的其他项目组就可以了。然而，就像在丰田的例子里出现过的，有时搜索的范围会变得更远，超出车间，超出部门，甚至超出企业。距离越远，出现的频率就会越小，然而不会完全没有。

我们研究的结果表明，组织需要在各种不同的范围内解决问题，相应的，处理信息的网络结构也必须能够满足不同尺度的信息处理的要求。当然，一般来说，两个人离得越远，他们之间的工作效率的互相牵连就会越少，但是这种牵连确实呈现增长的趋势。就像在社会网络中一样，组织中一些看来离你很远的人，有时会发现其实很近。就像在第五章中我们介绍过的琼·克莱因伯格（Jon Kleinberg）的研究所表明的那样，大量信息是在各个层次上同时涌入系统的。因此，作为捷径的信息渠道，不只是要像图9.4中那样的局部渠道，也不只是要像图9.5中那样的全局渠道，而是所有尺度上同时都需要。但是，因为层次结构固有的等级化和集成化特点，例行的信息传递和通过捷径的信息传递还是不一样的。

凭直觉看，情况似乎应该是像图9.6那样。这里并不是只有一个高度连接的核心，而是把这扩展到整个层次结构。也不是像图9.4那样，只有最基层的、局部的项目组。为了应付真正具有模糊性的环境变化，需要在整个组织中建立各种尺度的项目组。在层次结构的底端，人们主要是提出信息而不是处理信息，因而，较少需要信息捷径。而相距较远的节点之间的信息传递，则需要到较高的层次上处理；管理人员不只是在局部的范围内处理，而是要纵向地跨越层次。这就导致出现了一种"虚拟的项目组"（meta team），它们不像图9.4和图9.5中的项目组或核心组，它们是一种分散在组织内各处、联系不那么紧密的项目组，但是它们可以通过多层次地传递信息，分散信息负担，而不是把它们再集中到一起。

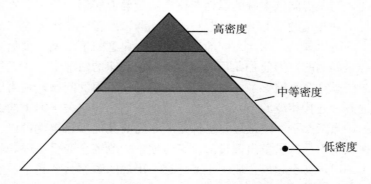

图 9.6　当信息需要在各种尺度上传递的时候，多尺度的网络就成为必需的。
从上到下的不同颜色表示联系紧密程度的下降和系统层次的深入。

多尺度网络的一个直接推论就是，知识管理者和生产工人之间的区别变得模糊了。虽然，处理信息的活动还是呈增加的趋势，这也是作为生产活动的扩充，而且人在组织中的职位越高，这种处理任务就越多。然而基本的事实是，信息在所有层次上得到处理，几乎所有人都要在某种意义上管理信息。对于这种变化的解释就是，环境的模糊性。没有人确切地知道他们自己要做的是什么以及如何做这些事情。问题求解的任务已经变得和生产任务不可分割。所以，每个人都必须同时承担这两者。

从灾难中恢复

和模糊性一样，组织的失效也是有许多不同情况、不同规模的，例如，人生病、工厂失火、计算机死机以及大量工人失业等等。有的时候这些灾难来自外部，有的时候则源于内部。还有的时候，比如爱信的灾难，则是内外两方面的原因都有。火灾是自然的原因，但是由爱信独家生产刹车阀门以及 JIT 库存管理系统则是其内在根源。不管什么原因，任何灾难都使整个系统某个部分的功能失效或停止工作。从长期来说，这些功能当然需要修复或者重建，还有的时候是由其他部分承担这些功能。然而，在一个迅速变化的世界里，在许多物理的系统中，例如电力系统和互联网，光考虑长期的恢复是远远不够的，更为紧迫的是尽快恢复近期的运行。

正像我们在丰田—爱信危机中看到的，作为灾难的必然后果之一，任何灾难都将导致问题求解和信息共享的需求大大增加。当系统的某项关键资源突然丧失的时候，组织需要显示出来的最重要的能力，就是能够很容易地调动还保有的资源。所以，用网络的语言来说，在短期内应对灾难的关键是，网络必须保持连通，以阻止失效情况的进一步扩展。这样做就可以尽快让我们回到常规。从网络的连通性研究系统坚固性的思路，是从拉兹洛·巴拉巴西和瑞卡·阿尔伯特（Laszlo Barabasi & Reka Arbert）开始，并由邓肯·卡拉维（Duncan Callaway）进一步改进的。这是人们已经熟悉的内容。不过，这些结果是基于随机网络的假定的，我们这里已经不再讨论随机网络。

读者可以想象，层次结构在某些功能失效时，都会很难继续运行下去。基于同样的理由，它们在应对与拥堵有关的故障的时候，也是很脆弱的，因为它们都太集中。一旦层次结构顶端的任何节点失效，马上就会导致网络中大量分支陷于孤立，和网络的其他部分完全隔绝。正是针对这种情况，在所有尺度上都保证连接性就能表现出其优势。对于多尺度网络来说，根本就不存在那种一旦失效就会导致整个网络断开的"关键"节点。它们的设计本身，就是要保证在各种尺度上的分布式处理，不仅在项目组的级别上，而且在更大的、全局性的级别上。所以它们可以应对更大范围的灾难，即使是遇到整个项目组都陷于瘫痪的极端情况也不怕。对于一个多尺度网络来说，原则上可以去除任何数量的节点，而仍然保持网络的通畅，因而可以调度和使用系统中尚存的、还没有被毁坏的任何资源。

所以，多尺度网络对于处于不确定环境中的企业来说，可以用来达到两个重要的、基本的目标。通过在各种尺度上把与问题求解相关的信息拥堵分散化，这种网络就可以大大减小各种故障发生的可能性。而一旦故障发生，它又能够使故障的危害最小化，这样一来，多尺度网络就满足了本书第八章末尾提出的要求，实现了真正的坚固性，即不仅避免了故障的发生，而且能够用最少的代价进行纠正和恢复。因为它实现了这样的一举两得的坚固性，我们称之为"超级坚固性"（ultrarobust）。

超级坚固性似乎有点好得过分了，但是其概念是有根据的。关键的理念是，对于日常问题的解决能力和在意外情况下的问题解决能力实际上是紧密地联系在一起的。日常工作中的模糊性，即关于我们所处的世界明天将会如何的不确定性，带来了我们经常遇到的、日常工作中需要解决的问题。这种日常问题的求解活动，导致了在关键节点的信息拥堵，从而激发人们去建立捷径，以便减少局部的信息拥堵。当这样的信息流重新安排在层次结构的各种尺度上普遍实施的时候，各种尺度上的捷径也就形成了。这样的多尺度连接一旦形成，就能够使得网络得到一个额外的属性：即使发生了重大事故，网络也还能够保持连通。看来，这种对于巨大外部冲击的迅速补偿能力，其实是来自于人们平常工作中所进行的、为了解决局部的信息拥堵所做的努力，这可以说是一种意外的收获。

关于灾难恢复的另一种思路，在于把它看作是一个问题求解的过程。它和企业天天在处理的、并不困难的、日常的问题求解过程本质上是一样的，只不过更具有戏剧性而已。因而，所谓的超级坚固性无非就是从各个方面应对模糊性而已。有的时候模糊性是日常的、习以为常的，而有的时候，例如丰田—爱信危机，则是极端的、少见的案例。但是它们的共同点在于，人们都是面对一个不熟悉的问题，而且需要尽快解决。所以，在一种场合下行之有效的、一般化的、科学的应对机制，通常也可以用在另一种场合。创新、纠错以及灾难恢复，从根本上说都是同一个问题的不同版本，这就是对于模糊性的应对！

从这样的角度来看，丰田集团事先没有计划的、奇迹般的迅速恢复，其实并没有什么奇怪的。人们突然发现自己面对着一个从未想象到的局面，而且是一个简直不相信自己能够应付的局面。但是他们没有选择，必须面对这个戏剧性地变化了的世界。无论如何，他们解决了这个问题，并且表现出了他们自己都不知道的组织的、集体的巨大能力。丰田集团的员工们面对如此巨大的灾难表现出色，但是他们并不是超人。在某种意义上，这次危机处理只不过是他们处理日常问题的升级版而已。

无论如何分析，模糊性总还是模糊的东西，但是现在，我们终于可以定义它、理解它了。一方面，环境中持续不断的模糊性，不断地颠覆已有的工作程序，使现有的解决方案成为过时的东西，这就是公司面对的许多问题的外部根源。另一方面，这种情况又使得问题求解成为例行的活动，迫使企业形成能够处理大量信息而不至于拥堵和崩溃的结构，从这个意义上说，这种天天遇到的模糊性又是企业的好朋友。通过应对日常的模糊性，企业可以培养起在不可预测的灾难降临时，能够拯救自己的能力。日常的问题求解活动有效地平衡组织中人和人之间的信息负担，并且为在意外发生时的问题求解准备条件。

在企业中，应对日常模糊性的活动是如何产生超级坚固性的呢？其中的确切机制还是个没有弄清楚的问题。但是，它似乎和第五章中我们遇到的网络的可搜索性之间有某种深刻的相似之处。从这个角度我们可以这样去理解这种机制。为了解决控制的问题，公司的确试图严格按照层次的原则去设计其机制，然而，在模糊性的环境中，与问题求解相关的信息拥堵使这些人，特别是较高层次的人，陷入了信息过载的窘境。这些人的最直接的反应就是，让他们的下属通过自己直接进行搜索去解决问题。

由于组织中并没有一个集中的知识和资源的总目录，这些下属们只能通过自己和企业内外的非正式接触去寻找相关的信息。正像我们在第五章所看到的，这种社会搜索是很有效的，搜索者往往能够很快找到答案，虽然他们并不见得很清楚地理解为什么能够找到以及是如何找到的。然而这样一来，原有的层次结构的功能和结构就改变了：自上而下的命令链不再只是鼓励和要求生产效率，也鼓励和要求搜索信息的效率；而对企业中的个人来说，他们不只是具有搜索信息的潜在能力，而且有了去进行这种搜索的动力。这种变化的直接结果就是，公司的内部结构不再是纯粹的层次结构，而是吸收了这些新的联系的优势，而且这些联系还在反复进行的搜索中不断地建立并得到巩固。

这个过程的平衡状态就是一个多尺度网络。理由很简单，只有网络联系是通过多种尺度实现的时候，个人的信息拥堵压力才能得到缓解，这种压力正是建立新联系的动力。我们在第五章已经看到，不同尺度上的信息联系的存在，提高了网络的可搜索性，于是这种多尺度网络就具备了自我加强的能力。当一场灾难降临的时候，网络的可搜索性和信息拥堵的缓解似乎是偶然出现的，但是，这实际上是在长期的模糊性环境下，对于日常的问题求解训练的自然而然的结果。

可搜索性和坚固性的这种联系，是介于我们从社会学出发、对于网络中的分散化搜索的理解以及克莱因伯格（Jon Kleinberg）的解决方案之间的中间环节。克莱因伯格的解决方案完全是从工程设计的角度提出的。一位工程师设计一块线路板要经过反复修改和调整，其总体结构是在这个过程中逐步形成的，在这个过程中要有许多局部的、非正式的决策和个人之间的信息搜索。但是，和纯粹的社会网络不同，这里的组织并不是自发形成的。事实上，纵向集成的层次结构只不过是企业组织发展的一种目前状况而已。而这种状况恰恰对于模糊性的处理来说是很不好的一种结构，但是它终究是一种现实的状况。而且我们已经看到，可以把它改造成为在许多环境下可以很好地工作的结构。

因此，现代企业十分注意开发在非正式的社会网络中进行分散搜索的能力，并把它纳入层次结构所固有的激励体系之中。虽然我们还没有完全理解相关的所有问题，但是看起来，培养员工通过搜索自己的社会网络以便应对模糊性，而不是迫使他们去为一个集中的、用于解决问题的工具或数据库做出贡献，对于创建一个能够处理复杂问题的组织来说是一种更好的策略。采用这种方式时最重要的是要弄清楚，人们究竟是如何进行社会搜索的，我们希望能够设计出一种更有效的过程，通过这样的过程，一个具有坚固性的组织能够逐步建立起来，而不需要事先规定好这个组织结构的所有详细细节。

第

10

章

开端的结尾

曼哈顿岛，长 22 英里，宽不到 5 英里，在世界地图上只是一个小小的斑点，就像流入北大西洋的哈得逊河嘴中的一颗珍珠。走近一点看，它更像一个广阔的、喧闹的度假胜地。一个多世纪以来，曼哈顿是 150 万人赖以生存的家，同时每天还招待着数百万的来访者。纽约——典型的大都会、迷人的不夜城。

但是从科学的观点来看，曼哈顿始终是一个谜。即使以日常消费来算，每天数百万人的私人和商业行为消耗了大量的资源——食物、水、电、汽油，从塑料袋到钢筋，再到意大利时装。随之而来的是他们也产生了大量的废品——垃圾、污水、废水。他们排放出大量热量，创造了他们自己的小气候。然而这个城市并不需要在城市区域内实际地生产和存放任何东西，以维持自己的生存，满足自己的需要。曼哈顿的饮用水，是通过水管运输的，来自于位于曼哈顿北面两个小时车程的卡茨基尔山。它的电力来自中西部。它的食物是从全国各地或全世界用卡车或船运来的。多年来，城里的垃圾是通过巨大的专用艇运到位于斯塔滕岛附近的 Fresh Kills 垃圾掩埋场，这是从外太空可以看到的人类的两个杰作之一（另一个是中国的长城）。

观察曼哈顿的另一种方式是将其看成是一些流的结合，也就是人、资源、金钱、权力的流动和汇合。一旦这些流陷入停顿，即使是暂时的，这个城市就会饿死、憋死，因为缺乏营养和无法排泄。商店只能存储几天内用的货，餐馆存的更少。如果垃圾不能及时清除，街道立刻就会堵塞。经过 1977 年的大断电，我们无法想象如果断电时间更长，哪怕长几个小时，这个城市将会发生什么。纽约人一向以有很强的自信心而闻名，即使是在最紧张的气氛里也能控制自己。但是纽约人真正让人崇拜的是他们可以构建一个系统，将这个城市里的生活变得如此方便。从地铁到骑自行车的送货员，从水龙头里的水到驱动电梯的电，纽约人每天依靠这个巨大的复杂系统生活，如果没有这个系统他们生活中的所有微小细节——吃、喝、交流，都会繁杂得让人无法忍受。

如果这个系统，即使是系统中的某部分停止运转，将会发生什么？它可以停止运转吗？谁能肯定它不会停止运转？换句话说，谁来负责？就像那些复杂系统面对的许多问题一样，它缺少一个确定的答案，但是简单的回答就是没有。事实上，单个的基础设施是不能解决问题的。系统的生存涉及纵横交错的网络、组织、系统、政府构架，同时融合了私人与公众、经济、政治、社会的拜占庭式的混合物。送人们来曼哈顿、离开曼哈顿和游览曼哈顿的交通线路至少有 4 条直达的铁路，除此之外还有地铁，成打儿的公交车公司和数千辆的出租车。与此同时，港务局管辖的许多桥和隧道加上数千英里的公路，使数百万私人车辆能每天进入和离开曼哈顿。食物和邮件得以准确地派送，数百条投递服务线路，通过数千辆的货运汽车甚至自行车在曼哈顿街头每周 7 天、每天 24 小时地不间断地提供服务。

没有哪个实体能单独协调这个吸引人的、难以置信的复杂系统，也没有人能了解这些。然而当你每天 2 点在熟食店停下来买你最喜欢的 Ben & Jerry 冰淇淋时，你会发现有人正在向货架上堆叠刚到的这种或另一种货物。这个系统就是曼哈顿的实际生活，曼哈顿居民认为这是理所当然的，但事实上系统的工作是一个谜。如果这种认知没有偶尔扰乱他们平静的心，它确实应该是。若这里有一个内容是我们在前面的章节里已经学习过的，那就是复杂的紧密连接的系统在面对突变时不仅能保持非常好的稳定性，而且能抵抗脆弱。当这个系统像一个人流密集、建筑遍布的大城市和数百万人的生命一样复杂时，像全球和超级大国的经济一样重要时，需要更多地思考系统中潜在的危险，而不是随意地推测。曼哈顿这个系统到底有多坚固？

"9·11" 事件

2001 年 9 月 11 日，星期二。这个可怕的日子里发生的事由于其社会、经济和政治的背景已经被深入地分析过。但是有一个原因使我们需要重新考虑这个悲剧，正如我们曾经遇到的一些问题：相互连接的系统是如何一下子变得坚固或脆弱的？很远地方发生的事件为什么要比我们认为的更近？我们怎么能从正在发生的事件中解脱出来？常规如何能让我们应对例外？"9·11" 事件只有真正的灾难才能相比，它的发生也使当代生活的复杂构架中隐藏的联系得以展现。透过这次事件我们发现原来还有很多东西要学习。

单纯从基础设施的观点来看，此次袭击的破坏力是可以更大的。不像一颗原子弹的爆炸或生物制剂的毒气，这次袭击的范围很局部化，并没有波及城市里的其他东西。例如，经过世界贸易中心的运输链要比时代广场或纽约中央车站的少很多。然而，双子塔的倒塌带来了巨大的物理冲击，街道被埋藏，地铁隧道被摧毁，城里的一个主要电信中心，位于西街 140 号的 Verizon 大楼也被毁了。这次破坏造成的损失需要很多年才能被修复，最直接的估计也是数十亿美元损失。

然而在这个星期二，一个和物理破坏同样严重的后果是：它使组织工作变得很困难。当世界贸易中心的 7 号楼继双子塔之后也倒塌的时候，市长的紧急指挥部也被摧毁了，到早上 10 点，附近警方指挥中心的所有座机，连同移动电话、电子邮件和寻呼机服务也都中断了。面对这个完全不可意料的、史无前例的大灾难，几乎没有可靠的信息，并且后继恐怖袭击的威胁也在不断变大中，这个城市需要协调两项重大工作——援救和安全——同时进行。在这次突发事件发生后不到一个小时，为指挥紧急事件而设立的机构已经是一片混乱。

　　但这个城市确实做到了。在这种情况下，不可思议的反应在有条不紊地进行着。市长办公室、警方和消防队、港务局、各种州立和联邦的紧急处理机构、大量医院、数百家企业、数千名建筑工人和志愿者在不到 24 小时将曼哈顿城区从一个战区变成一个恢复的现场。与此同时，在城市的其他地方，所有的事都像平时一样继续运作，这真是太神奇了。电力仍然持续，火车仍然在运行，直通哥伦比亚，你依旧可以在百老汇大街的餐馆里享用精美的午餐。那天岛上处于一级安全防范，几乎所有不在摧毁区域的人当晚都回到了家，而且第二天岛上供应品的输送和垃圾的回收都几乎恢复了正常。警察仍然在城市里巡逻。消防队员们，即使在一个小时里牺牲的人比平时全国一年牺牲的人还多出两倍，仍然对每一个火灾警报做出回应。当晚，在酒吧里看总统电视演讲的朋友像平时一样多，到了第二天，城市里的大部分人都开始恢复工作。日常生活并没有受到太大影响，事实上，许多纽约人对没有受到太大的影响反而觉得内疚。

　　到了星期五，隔离曼哈顿岛南部的警戒线已经从第 14 街向南撤退到了运河，到了下个星期一，也就是 9 月 17 日，市区的大部分地区都已经准备好开始重新营业了。即使金融业经受了来自人力和物力的双重打击，证券交易市场也重新开盘了。贸易公司努力从遍布在曼哈顿、布鲁克林、新泽西州和康涅狄格州的私人住宅、公共办公室和租借的房屋中重新装配，同时从备份服务器、临时通讯系统中重获数据，不仅要努力处理，还要尽可能弥补失去的员工所带来的损失。

　　单是摩根斯坦利就有 3 500 人在双子塔的南边塔楼里工作，不可思议的是这么多人中竟没有失去一人，但这并不能减轻需要在几天内重新安置几千人的重担，当时甚至还不清楚他们中到底还有多少生还者。许多其他公司，无论是大公司还是小公司，都面临一个同样令人沮丧的任务。例如，位于世界金融中心的 Merrill Lynch，虽然其办公室并没有受到损害，但仍需要在六个多月的时间里重新安置数千名员工，直到他们能够重新回来工作。超过 100 000 人星期一不得不在其他地方工作。如果没有提前一个星期的通知，即使是专门进行这种训练的军人，也难以建立起一支人数如此庞大的军队。但是，在星期一早上 9 点 30 分，在所谓世界末日后的

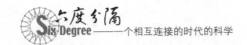
仅仅 6 天，纽约证券交易市场的开盘铃声再一次响起。

就像在丰田—爱信危机中一样，参与此次危机恢复的所有公司和政府机构都受到强烈的刺激——来自经济上、社会上和政治上的。但正如第 9 章指出的，即使是最强烈的刺激也不足以在短期内产生有效的应对方法——因为同时也需要具备能力。而对于丰田集团，它并没有特意培养从灾难中恢复的能力。事实上，即使是培养了——如市长紧急指挥中心——大部分仍无法工作，至少不能像预期的那样。在危机中，也没有足够的时间让受波及的各方去了解他们需要知道的所有事情。所以无论是什么能让系统这么快恢复，它必须是先前已经存在的，并且最主要的是它是由其他原因而不断形成的。

在 "9·11" 事件发生几个月后，一位来自 Cantor Fitzgerald 公司的女士给我讲了一个非同寻常的故事。在双子塔的北楼倒塌中，这家债务贸易公司的近千名员工中有 700 多人不知去向。尽管遭到（或许是因为）这无法估量的创伤，第二天剩下的员工决定努力维持公司，做出这个决定需要他们克服所有由惊恐所带来的障碍，真是令人难以置信。首先，不像一般的市场，固定收入市场并不是基于证券交易的，所以并没有关闭。因此若要存活下去，Cantor Fitzgerald 公司必须振作起来，并且在接下来的 48 小时内开始工作。其次，在他们小心地制定意外事故计划时，需要计算机和数据系统的远程备份，他们遇到了一件意外的事情：所有知道密码的人都失踪了。事实是，如果没有人知道密码，数据就等于丢失了，至少在这两天内是不行了。

所以他们的做法是：大家坐成一圈，回忆所知道的关于他们同事们的一切，他们做过的一切，他们去过的地方以及他们之间曾经发生过的所有事情。最后他们成功地猜出了密码。这个故事似乎难以置信，但它却是真实的。它用一种非常戏剧化的方式说明了上一章的观点：从灾难中恢复的能力是不能事先就精确计划的，也不可能在灾难发生的当时就进行中心调度。就像市长办公室和爱信公司的总部，在一场真正的灾难中，指挥中心是系统中第一个需要被控制的地方。系统中幸存的部分，像 Cantor Fitzgerald 公司，依靠由先前的联系和日常工作组成的分布式网络将整个公司各个阶层凝聚在一起。

关于纽约市区的坚固性真正值得注意的是，人们、企业和机构使用的生存和恢复机制都十分普通。当市长紧急指挥中心的所有电子设备都无法工作时，通讯的重担就落到了警方无线电通讯和通过超速行驶的巡逻车送来送去的纸张上。在没有明确指示的情况下，医护人员、建筑工人、不当班的消防队员和志愿者们出现了，并很快在广场上集结成了一支队伍，虽然事先并没有组织。Cantor Fitzgerald 公司分散的幸存者们步行到其他人的家中去寻找彼此。由此导致的直接结果中，值得强调的是，没有人知道接下来会怎么样——即使部队和将军也不知道——没有人知道他们应该怎么做。所以他们做了他们唯一能做的一件事：像往常一样做事，并尽可能地适应这戏剧般变化的环境。有时，这种方式是灾难性的——那些冲上楼梯间走向毁灭的消防队员也是按照他们的惯例行事——但是大多数人都做得非常好。"平民英雄"是在"9·11"之后数个月里被一再重复的词。但是从组织角度来看，我们能够从恢复行动中学到的就是：意外情况事实上和常规是有紧密的内在联系的。

然而，6个月后，这个体系脆弱的一面开始暴露出来了。事实上每个行业，从保险和卫生保健，到运输业、娱乐业、旅游业、零售业、建筑业和金融业，都因为这次恐怖袭击受到了不利影响。曼哈顿城区的很多餐馆几乎立刻就没了生意，被迫歇业几天甚至几周，而且百老汇的多场演出由于观众数量的下降而不得不停演。在一个月内，金融界的数千名工人被解雇，大多数剩下的员工也没有了他们的年终奖金，相当于削减了他们75％的工资。尽管金融部门只占纽约全部工作岗位的2％，却创造了全市近20％的收入，因此如此大的缩减在岛内具有潜在的反响，不仅影响了零售业和租赁业，甚至影响了用于清洁街道、维护地铁安全和保持公园美观的公共收入。

更糟糕的是，众多金融公司之所以落户曼哈顿城区就是因为很多其他公司已经在那里了。然而在近十年，随着金融交易越来越多的电子化，物理上的近邻变得越来越不重要，一些公司开始渐渐从这里撤出。现在贸易中心已经不复存在，与此同时很多公司面临着重新选址的问题，可能会相继离去。如果真是这样，纽约依赖的许多相关收入可能会迁至别处，最终这个城市将回到20世纪70年代的经济萧条期。但还没有一个人知道这凄

凉状况的可能性，大家还提出了许多乐观的建议。关键不是做出什么特别的预测，而是要强调这个城市很难预见、更难指引的连接方式。

当然，这些联系不会终止于哈得逊河。恐怖袭击的影响扩散到了全国范围。Midway 航空公司（总部位于北卡罗来纳州）在袭击的第二天宣告破产，到了那个周末，几乎所有的国家级运输公司都表示有严重的经济压力。超过 100 000 家航空公司职员被解雇。这个国家的经济已经到了衰退的边缘，如果投资者们撤走在美国的投资，消费者的消费欲望持续低迷，看起来经济就真的会崩溃。尽管现在经济处于疲软的恢复期，而且看起来不会有更悲观的预测了，但间接的损失还是很严重的。经过令人失望的圣诞节后，全国最大的零售商之一 Kmart 申请破产保护，留下堆积如山的未偿还的债务，这反过来可能又会引发未收回贷款的债权人的破产。

我们能从中总结出什么呢？恐怖袭击所带来的危害比最初看到的是多还是少？系统的反应是坚固的，还是将隐藏的弱点暴露出来了？几周后，《纽约时报》刊登了一篇发人深省但最终却令人失望的文章，经济学家克鲁格曼发表了他关于此次恐怖袭击对正处于衰退期的美国经济的影响的观点。与往常一样，克鲁格曼的论点很清晰，论述完美并且非常有说服力。但实际上，所有他说的只是有很多理由可以用来证明为什么美国经济在可预见的将来能够反弹；同时也有同样多而且同样可信的理由，能够证明为什么美国经济将盘旋于长期经济衰退期。他不想说他不知道将来会发生什么（他巧妙地忽略后果而做出正确的预测），但是很明显，他并不知道。克鲁格曼是全球最好的经济学家之一，尤其是解释真实经济现象的时候。所以如果克鲁格曼和他普林斯顿大学的同伴们都不知道经济体系对巨大打击的反应有多复杂，我敢打赌那就没有人能够知道了。

网络科学能告诉我们什么克鲁格曼没有告诉我们的东西吗？老实说，不幸的是也不多——但是重要的是要意识到，尽管经过 50 年的默默渗透，网络科学也只是刚刚起步。如果将它比作建筑工程学，我们仍在研究力学规则，找出支配固体的弯曲度、拉伸度和破裂阻力的基本等式。专业工程师使用的应用知识的种类——图表、手册、计算机设计方案和经过大量测试的经验法则——最乐观的估计也还只是处在遥远的地平线上。但是网络科学能做的是提供一种看待熟悉问题的新方法，这种方法已经产生了一些惊人的见解了。

相互连接的时代的教训

首先，网络科学告诉我们距离不是问题。在地球两边、相互之间毫无共同点的两个人，能够通过一根短短的网线连在一起——仅仅需要通过六度，这是关于社会的一种观点，一代又一代的人为之着迷。在第3章中我们看到的这种解释来源于远距离关系的存在，并且其中为数不多的这样的关系能够对全世界的连通性起到重要的影响。而在第5章中，我们曾说到这些远距离连接，源于社会身份的多维性质——我们希望与和我们相似的人交往，但是我们有多重独立的相似性。而且因为我们不仅知道我们自己的朋友是谁，也知道他们是怎么样的人，即使是很大的网络也只需要几个连接就能连通。

但是即使每个人都能够在六度之内和其他任何人联系上是真的，那又怎么样呢？六度到底有多远？从找工作、查找信息或者受邀去一个聚会的角度来说，比你朋友的朋友更远的关系就完全是一个陌生人了。所以从可用的资源或发挥的作用而言，超过两度的任何人就像相隔了1 000度。我们之间可能有联系，但那并不能减少彼此之间的陌生感，也并不能让我们延伸到自己渺小的生活圈之外。而且，我们也有自己的负担要背负，如果还要去考虑那相隔万里的芸芸众生，那会把我们逼疯的。

但有时候那些相距很远的人也会不请自来。1997年，泰铢和美元的脱钩在泰国引起了一场房地产危机，导致了其银行系统的崩溃。在数月内，金融危机蔓延到了其他"亚洲虎"国内——印度尼西亚、马来西亚和韩国——使先前欣欣向荣的经济变得萎靡，并带来全球商业价格的压力，特别是石油。与此同时，俄罗斯正在因向资本主义经济转变带来的创伤中挣扎，十分依赖石油出口，而突然之间，先前的黑色黄金却不那么值钱了。俄罗斯随之发生了一场预算危机，政府不得不拖欠国债，这不是从前的超级大国应该做的事。对世界债务市场的这个打击使得投资者避开了除美国政府发售的债券以外的所有债券。

而就在此之前，几乎没有其他国家知道，在康涅狄格州的Greenwich一个叫长期资本管理（LTCM）的对冲基金，认为这些债券的低价只不过是暂时的，因而下了大注。而现在，令基金会恐慌的是，本该提升的价格却开始降低，在几个月内就损失了几十亿美元。考虑到如果 LTCM 被迫清算资产，它所操作的市场可能会倒闭，纽约联邦储备金主席通过协调全国最大的几家投资银行的联盟，进行紧急财政援助，从而避免了一次潜在的灾难。冲击亚洲的风浪还没有停止，就已经在轻轻地拍打长岛海峡的海滨。

美国在 1997 年亚洲金融危机中幸免于难，但没有人知道当时该期盼些什么。而这次面对自称是在纽约和华盛顿上空制造恐怖活动的中东宗教和政治骚乱，他们也不知道该企盼些什么。在一个只间隔六度的世界里，周围的一切比你想象的要发生得快。一些东西看起来很遥远，或它发生在你不了解的国度，但这并不代表它不重要。当发生传染病、金融危机、政治革命、社会运动和危险的想法时，我们都被影响链连接在了一起。不管你是否了解它们，不管你是否在意，它们都会影响着你。不明白这点就是不明白相互连接的时代最重要的一个教训：我们都有自己的负担，无论你是否喜欢，我们也必须同时背负彼此的负担。

我们从网络科学中得到的第二个主要观点是：在连通的系统中，原因和结果经常会通过一种复杂而且容易令人误解的方式联系在一起。有时，很小的冲击可能会带来严重的后果（见第 8 章），而另一些时候，即使是很大的打击也只造成了相当小的混乱（见第 9 章）。这个观点非常重要，因为很多时候我们只是在回顾时评价事情的重要性，而在回顾的时候做出明智的决定是很容易的。当第一本《哈利·波特》成为一种全球现象后，人们都争相称赞它作为儿童读物的高质量，并且接下来推出的每一本连载也都立刻成了最畅销的书。这一系列图书的成功可能完全是理所当然的。但是我们忘记了，在 Bloomsbury 出版社（当时它只是一个小型的独立出版社）出版这本书之前，多家出版社拒绝了 J. K. Rowling 的原稿。如果她作品的高质量是那么的显而易见，那为什么如此多的儿童书籍出版业的专家没有看到呢？而其他被冷落在全世界各个编辑抽屉里，被拒绝的原稿又说明了什么呢？1957 年，杰克·凯鲁亚克（Jack Kerouac）的小说《在路上》（On the road）几乎在一夜之间成了美国名著。但是又有几个受其启发的读者能意识到这本书差一点就无法出版了：凯鲁亚克在 Viking 出版社同意出版的六年前就完成了原稿。如果那时他放弃了会怎么样呢？毕竟，很多作者这样做了。由于这个原因这个世界失去了多少经典？

相反，如果丰田公司没有找到处理爱信灾难的方法，那又会怎样？这个假设完全可以想象得到。大公司会停业——Enron 和 Kmart 就是两个最近的例子——丰田业务的潜在损害足以导致其破产。那会有什么后果呢？全世界的用户可能会突然失去钟爱的丰田汽车，爱信灾难可能会连续几个月成为报刊的头版头条。而且不仅是丰田，可能近 200 家供应商中的大部分商家也将面临倒闭，这也可能给本已低迷的日本经济带来终极危机。那它可能就会成为近十年来最大的事件之一。然而，现在除了少数一些工业组织专家外，没有人听说过爱信危机。因为它对全球经济的影响十分有限，只是历史上一件无足轻重的事。但是这个结果很容易就会变得完全不一样。同样的观点也适用于（尽管是完全不同的理由）第 6 章中所说的在弗吉尼亚州的 Reston 的猴子中爆发的埃博拉病毒。如果这个病毒是扎伊尔的埃博拉病毒的话会怎么样呢？美国可能会在首都的门槛前经历一场重大的公共卫生灾难。而我们能了解这些事情的唯一原因是理查德·普莱斯顿（Richard Preston）写了这么一本引人入胜的书（并且找到了一个好的出版商）！

因此历史就是一个对不可预期的未来的一个不可靠的向导。但不管怎么样，我们还是依赖它，因为看起来我们并没有其他的选择。但也许我们还有另一个选择——可能不是用来预测具体的结果，而是为了通过观察它们的表现来了解其机制。有时只要了解就足够了。例如，达尔文的自然选择论并没有预测什么。然而，它给予了我们巨大的力量来弄清我们看到的世界，因此（如果我们选择）使我们能针对自己所处的位置做出明智的决策。同样，我们寄希望于新的网络科学能够帮助我们理解连通系统的结构以及各种不同的影响在系统里传播的方式。

我们已经了解了连通的、分布式的系统，从电力网到企业，甚至是整个经济，这种系统不仅比孤立的实体更脆弱，也比孤立的实体更坚固。如果两个人被一个不长的影响链连接起来，那么其中一个人发生的事情可能会影响另一个，即使他们完全不知道彼此。如果这种影响是有破坏性的，那么连接起来的他们比他们单独时更脆弱。另一方面，如果他们能通过同一个连接找到对方，或者他们同处于一个能互相强化的网络关系中，那么每一个人都能比单独时经受住更大的风暴。网络能共享资源、分散负担，它们也传播病毒和故障——它们有好的一面也有不利的一面。通过准确地说明连通的系统是怎样连接的，通过清晰地描述真实网络的结构与它们所连接的系统行为（如流行、时尚和企业坚固性）之间的关系，网络科学就能够帮助我们了解我们的世界。

最后，网络科学向我们展示，它的确是一门新科学，它并不属于任何传统科学，而是同时穿越了智力界限并运用了很多学科。就我们所见，物理学家的数学研究是为先前未探索过的领域铺设道路。随机等比级数、渗透理论、相变和普遍性是物理学家的面包和黄油，同时他们发现了网络中一个惊人的开放问题集。但是如果没有社会学、经济学甚至生物学的指引，物理学家们就没有地方可铺设道路。社会网络并非都是格，而且不是每一样东西都是无标度的。某种过滤工作是为了解决某些问题，而不是其他问题。有些网络是基于层次结构所建，有些则不是。从某些方面看，系统的行为和细节无关，但是有些细节又还是有关系的。对于任何一个复杂的系统，我们可以抽象出很多简单的模型来理解其行为模式。窍门就是选对模型。这就需要我们仔细思考，去了解真实系统的本质。

为了进一步说明这一点，我们还要强调，声称所有的事物都是小世界网络或者无标度网络，这不仅过于简化事实，而且从某种程度上会误导人们认为同一组特征和每一个问题都有关。如果我们想超越表面更进一步地了解连接时代，我们需要了解不同类型的网络系统，而要做到这点我们需要掌握不同种类网络的特性。有时候，只要知道一个网络中包含一个连接任意两个个体的捷径，或者有些个体比其他个体更经常被连接，这就足够了。但有时候，问题是这些捷径能不能被个体发现。下面这点可能也很重要，那就是除了被捷径连接起的那些个体外，其他个体也可以考虑以增强局部稳定，或者他们并未完全融入。有时候个体的特征对于了解一个网络的特性很关键，而另一些时候却不是。高度连接在一些情况下可能很有用，而对于某些情况却没什么用——甚至可能产生反作用，导致失败或者加速故障的发生。就像对生命的分类，一个有用的网络分类依赖于我们提出的特定问题，既能帮我们将多种不同的系统统一，也能将这些系统区分开。

因此，网络科学的建造需要所有的学科甚至专业一起来推动，也将引起物理学家的数学推理、社会学家的见解和企业家的经历之间的碰撞。这是一个具有重大意义的任务，但有时我不得不说，完成这个任务看起来毫无希望。我们奋斗了这么久，只学到了这么一点点，几乎让人觉得连接时代太复杂以至于无法用系统科学的方法来理解。可能尽管我们尽了最大的努力，最终却不得不满足于充当这个高深莫测、难以处理的人生游戏的观察者角色，甚至只是每天早晨起来看看发生了什么。但仍没有人放弃。

可能科学最鼓舞人心的方面就是科学的这样一种本质，即提出问题但却还没找到答案。这样看来，科学是一个重要的乐观训练。科学家们不仅坚持相信世界是可以被解释的，而且他们并没有被所能做到的最大极限吓住。即使除去所有障碍，仍然困难重重，而且没有任何一个层次的理解是完全的。每一种被治愈的疾病都又带来了另一种疾病。每一个发明都会有意想不到的结果。每一个成功的理论只是提升了我们的解释标准。在那些糟糕的日子里，科学家们都有一点像科林斯王，永无止境地将他的石头推上山，只是为了第二天回到山脚下再推一次。但科林斯王一直坚持着，科学也是——即使是在看起来无望的时候，我们还是带着抱负坚持下去，因为只有在奋斗中我们才能衡量自己。

此外，连接时代的神秘性看起来不能被解释，并不能说明它们确实就无法解释。在哥白尼、伽利略、开普勒和牛顿之前，天体运动被认为只有上帝才能解释。在奥维尔和威尔伯·怀特兄弟的飞机第一次在基蒂鹰（Kitty Hawk）起飞之前，大家从没想过人能飞行。而在一个叫 Warren Harding 的登山者征服了 3 000 英尺的 El Capitán 山峰之前，所有人都觉得没人能够爬上去。在人类努力的每一个领域，总是存在着不可能性。而在每一个领域总会有勇于去尝试的人。很多时候他们失败了，不可能性仍然存在。但是一旦他们成功了，这些就是我们共同通向下一阶段的起点。

科学并不是因为它的英雄们才享有盛誉。一个科学家每天的工作几乎没有什么有魅力的地方——坦白地讲，这不是拍电视。但是每天，科学家们和不可能性相抗争，拼命想理解全世界都尚未理解，甚至从未试图去理解的部分。而网络科学就是这众多冲突中的一场。但是，它却很快获得科学界广泛的关注。在拉博波特和埃铎斯（Anatol Rapoport 和 Paul Erdós，匈牙利数学家，图论的创始者）打响第一枪的 50 多年后，这场战役可能要转向我们这边了。或者像温斯顿·丘吉尔（Winston Churchill）在 1942 年阿拉曼战役（EL Alamein）后所说的："这不是结尾。这甚至算不上是结尾的开端，但这可能是开端的结尾。"

译 后 记

　　本书是中国人民大学出版社编辑出版的"网络经济译丛"的第四本，加上将要出版的《社会网络分析》，当时这套书计划中的五本就出全了。

　　严格地说，这几本书并不完全是关于经济的，然而，确实是和网络有密切联系的。正如本书作者在书中一再强调的，关于网络科学是当今科学领域中发展迅速、影响广泛、值得关注的一个新领域。它有两个明显的特点：首先是极为广泛的交叉性，真是无所不在。读者在阅读中可以深刻地感受到这一点。从物理、化学到经济、社会，人们往往可以惊奇地发现，在那些似乎相距很远的领域之间，居然存在着共同的或相似的规律。这些现象很难用巧合来解释。我们不得不承认，这后面确实存在着我们人类还没有了解的普遍规律和一般原理，并为世界本质上的统一性所折服。这门关于网络的新科学，在传统的分科系统中实在是无法定位的。它属于 21 世纪的科学，属于未来的科学。引起我们的兴趣的，正是这种未开垦的处女地的神秘之处。其次是它和现代信息技术的密切联系。没有现代计算机和通信技术，特别是互联网的广泛普及，这门关于网络的新科学是不可能如此迅速地发展起来的，尽管这里所说的网络并不限于计算机网络。然

　　* 冯丽君、王晓、胡安荣、孙晖、程诗、王小芽、马慕禹、张伟、顾晓波、李军、王建昌、王晓东、李一凡、刘燕平、刘蕊、范阳阳、秦升、程悦、曾景、徐秋慧、钟红英、赵文荣、杨威、崔学峰、王博、刘伟琳、周尧、刘奇、李君校对了书稿，在此表示感谢。

而，计算机网络正是一般网络的一个典型案例，同时又是研究网络不可缺少的有力工具。作为在计算机技术及其应用领域工作的技术人员，我们对其特别感兴趣，也就是很自然的事情了。

然而，这套书冠以"经济"的名称，也不是没有原因的。作为中国人民大学的师生，我们对于经济科学和社会科学的现代化情有独钟。不论是计算机技术，还是关于复杂系统的科学，我们对于它们在经济科学和社会科学发展中的作用特别重视。这一套书中的各册，对于经济问题的讨论有多有少，但是都在不同程度上，和我们认识和理解当代经济、当代社会密切相关。我们希望读者在阅读中能够看到这些闪光点，并从中得到启发。

还有一点要说明的。正如本书作者在序言中说到的，我们的教科书往往只给结论，而不介绍过程，以至于给学生们留下的印象是枯燥无味、催人入睡的。作者感慨道："但是真正的科学不是这样的。"我们对此深有同感。作者用自己探索科学的亲身经历，用讲故事的方式娓娓道来，引人入胜，发人深省。我们相信，读了这本书，读者一定会对于科学和科学研究工作得到与以前不同的、鲜活的印象，并激发起我们对于科学的更大的兴趣。

作为译者，我需要做一些技术性的说明。对于这类涉及新的、正在成长中的学科，翻译中的困难是不难想象的。许多从来没有过的、需要"生造"的词语成为拦路虎。一些常用的词汇，在这里出现了完全不同的含义和用法，"硬译"的路子是走不通的。例如，threshold 在有的段落就是"门槛"，而在另一些段落就译为"阈值"更为合适。再如，information cascade 一词，完全不是"信息瀑布"的意思，我们不得不生造了"信息级联"这样一个词，而尽量给以详细解释。类似之处还有不少。有时连我们自己也觉得不满意，但是，已经拖了这么长时间，实在不能再推敲了。只得希望读者能够和我们一起，想出更好的翻译方法，到再版的时候加以修正。还有一点，书中出现的人名很多，而且由于作者口语化的写作风格，很多地方是称呼名字，而不是姓氏，这和中国人的习惯不同。我们采取的办法是，在第一次出现处给出全名，并在括弧中给出原文。以后再出现时，就只用姓氏了。

这本书从酝酿到现在，已经有六年时间了。先后参与讨论和翻译的师生，跨越了好几届，实在无法详细记录所有参与的师生了。这里仅列出在定稿前，负责最后一轮翻译的 2008 级硕士生：第 2 章：舒兆鑫；第 3 章：

周盛虎；第4章：张帅；第5章：韩振文；第6章：田晶华；第7章：杨盼盼、焦杨；第8章：代正卿、马文凯；第10章和序言：梁爽。翻译的组织工作是由舒兆鑫同学担负的。作为主译者和组织者，我所做的是其他两章的翻译以及对于全书的修改和整理工作。方美琪教授承担了全书的校阅工作。李朝气、冯丽君阅读了全书并提出了修改意见。这套书一共五本，包括这本书在内，都是在中国人民大学出版社马学亮编辑和责任编辑的大力支持和一再督促下完成的。没有他们的辛勤劳动和认真工作，这些书是不可能问世的。在此再次向他们表示衷心的感谢。

中国人民大学　信息学院　陈　禹

2010 年 10 月 5 日

图书在版编目（CIP）数据

六度分隔/（美）瓦茨（Watts，D. J.）著；陈禹等译. —北京：中国人民大学出版社，2011.3

（网络经济译丛）

ISBN 978-7-300-13424-6

Ⅰ. ①六…　Ⅱ. ①瓦…②陈…　Ⅲ. ①网络理论-研究　Ⅳ. ①O157.5

中国版本图书馆 CIP 数据核字（2011）第 033677 号

网络经济译丛

六度分隔

一个相互连接的时代的科学

〔美〕邓肯·J·瓦茨　著

陈　禹　等译

方美琪　校

出版发行	中国人民大学出版社				
社　　址	北京中关村大街 31 号		**邮政编码**		100080
电　　话	010 - 62511242（总编室）		010 - 62511770（质管部）		
	010 - 82501766（邮购部）		010 - 62514148（门市部）		
	010 - 62515195（发行公司）		010 - 62515275（盗版举报）		
网　　址	http://www.crup.com.cn				
	http://www.ttrnet.com（人大教研网）				
经　　销	新华书店				
印　　刷	涿州市星河印刷有限公司				
规　　格	155 mm×230 mm　16 开本		**版　　次**		2011 年 3 月第 1 版
印　　张	15 插页 1		**印　　次**		2018 年 11 月第 2 次印刷
字　　数	211 000		**定　　价**		56.00 元